受用一生的 女人气质课

从内而外提升气质，让女人拥有无可抗拒的吸引力

女人的气质其实更是一种风情、一种味道。
真正的气质，是发自内心的淡定与从容，
就像真正的自信，无须张扬。

文　捷◎编著

Nvren shouyong

Yisheng de Qizhike

中国华侨出版社

图书在版编目（CIP）数据

女人受用一生的气质课／文捷编著. － 北京：中国华侨
出版社，2014.10

ISBN 978-7-5113-4749-7

Ⅰ. ①女… Ⅱ. ①文… Ⅲ. ①女性－修养－通俗读物
Ⅳ. ①B825-49

中国版本图书馆 CIP 数据核字（2014）第 249253 号

● 女人受用一生的气质课

编　　著／	文　捷
责任编辑／	文　喆
责任校对／	王京燕
装帧设计／	环球互动
经　　销／	新华书店
开　　本／	710 毫米×1000 毫米　1/16　印张 /17　字数 /228 千字
印　　刷／	香河利华文化发展有限公司
版　　次／	2015 年 1 月第 1 版　2017 年 6 月第 2 次印刷
书　　号／	ISBN 978-7-5113-4749-7
定　　价／	32.80 元

中国华侨出版社　北京市朝阳区静安里 26 号通成达大厦 3 层　邮编：100028
法律顾问：陈鹰律师事务所　　　　　编辑部：（010）64443056　　64443979
发行部：（010）64443051　　　　　传　真：（010）64439708
网　址：www.oveaschin.com　　　E-mail：oveaschin@sina.com

容貌是天生的，气质要靠后天的修炼

女人都爱美，爱美的女人是有魅力的。但当我们想到美，就会立即想到很多美容技术，如护肤霜、发型，以及如何使用睫毛膏之类。这些当然是女人"扮美"的重要方法。但是，用化妆品、饰品妆饰的外表，并不能让女人拥有真正的吸引力。一个真正富有吸引力的美丽女人对美的追求不应仅着眼于容貌与身姿，而是心灵。如果你能运用心灵的力量如同运用化妆的粉扑那样得心应手，你将会真正地拥有美丽。这是对任何年龄与任何容貌的女人都适用的方法，这个方法便是修炼你内在的气质。

容貌是天生的，是难以改变的，而气质则需要后天的修炼，女人可以通过修炼气质来提升魅力。可以说，气质是女性的魅力核心，女性的气质来自于自身的品德修养，优雅的谈吐，平和的心态，对礼仪的理解，对时尚的感悟。是一种散发着美丽气息的素质，气质是由内而外散发的力量，是心灵美的一种外在表现。一个人如有气质比穿上一身名牌更美，更值得他人的肯定。

气质源于心灵的涵养，对礼仪的理解，优雅的谈吐和得体的穿着，也就是在内在美和外在美的和谐统一，即感性、理性、知性的三性合一。

靳羽西女士曾经说过："气质与修养不是名人专利，它是属于每一个人的。气质与修养也不是和金钱、权势联系在一起的，无论你从事何种职业、任何年龄，哪怕你是这个社会中最普通的一员，你也可以拥有你独特的气质修养。"

所以，气质对于每一个女人来讲都是公平的，每一个女人通过修炼都能够得到气质精灵的宠爱，尽管你不是天生丽质，同样也可以魅力无穷。

对于女性来说，气质是厚重的、内在的；气质是文化底蕴、素质修养的升华。我们知道，造物主并不公平，在容貌上有人俊美，有人丑陋。但是，世上只有懒女人，没有丑女人。每个人都有潜在的"美"。作为女人，不仅要有发现这种美的能力，还要使自己的"美"发扬光大，成为气质的起点。

气质女人蕴涵着深度的内涵。她们对世俗的喧嚣与琐碎始终保持着警觉和距离，永远保有一分柔情、二分优雅、三分浪漫、四分智慧。在城市变动的嘈杂中，气质女人总能在人群中脱颖而出。她们思路清晰、步态悠闲，流淌着晴空之气，飘漾着万种风情，洗练出一种超凡脱俗的宁与静。最世俗的男人在她们面前，也会变得温文尔雅起来。

气质不是一朝一夕养成的，它是一种由内而外散发的精神素质。它不是时髦、不是漂亮，也不是金钱所能代表的生活方式，它常常是一种纯粹的细节所衬托出来的点点滴滴。有些女人，容貌与打扮都不俗，但总无法谈得上有气质。气质是能力、知识、情感、生活的一种综合外在表现，来自丰富的深厚的信仰与底蕴，是着急不得、模仿不来的。气质的培养需要一种环境，更需要磨炼，如果一个女人一天到晚除了装扮外表，就是做家务或打牌搓麻将、闲聊逛荡，她是永远不可能获得气质的。气质之树只有扎根在文化、人格的沃土中才可以枝繁叶茂。

气质看似无形，实则有形，它是通过一个人对待生活的态度，个性特征、言谈举止等表现出来的。女人可以凭借自己漂亮的容貌吸引人们的眼球，赢得高的回头率，但真正能让人们为之倾倒的，却是女人那如诗般的美丽气质！

有气质的女人，哪怕相貌上没有什么过人之处，她会彰显出其特有的魅力，会凭借自信、优雅与内涵，展示出超凡脱俗的一面，成为受人尊重和欢迎的女人。所以，要想从根本上提升自我吸引力，就从现在开始修炼自我气质吧。只要让自己的灵魂丰富起来，底蕴深厚起来，信念坚定起来，品格高尚起来，情趣超凡起来，内心强大起来，那么，你身上就会在蓦然间聚集一道五彩光环，那便是气质。

目录

提升品位，做个仪态万方的"万人迷"

Part 2
充实内在：底蕴深厚，才能气质文雅

高雅的气质，源于充满智慧的头脑

愚者选择"点"生活，智者画出"圆"人生

Part 3
妆扮美丽：提升气质，"妆" 修 "面子" 是关键

学点美 "妆" 术，做镜子前的 "艺术家"

女人的优雅气质是"穿"出来的

用好身型和好姿态，聚焦众人视线

Part1　修炼品性：
先有"兰质蕙心"，再有"玉貌花容"

俗说话：漂亮的女人养眼，聪明的女人养脑，善良的女人养心，温柔的女人养神，有才的女人养性，健康的女人养身。气质是女人的魅力之源，而有气质的女人，则是要靠良好的品性做内在支撑。拥有良好品性的女人，不浮不躁，不争不抢，她们懂得宽容、乐观，同时又谦虚、自信。她们不矫揉造作，喜欢在男人的身旁做男人强有力的后备军。她们勇敢、敢拼搏，同时又懂得适时地展现女人的柔弱。这种智慧大气，富有涵养，同时也不乏女人味，就算她们缺乏靓丽的容貌和傲人的身材，也拥有超越青春的气韵之美。

提升涵养，女人就是一朵优雅的"魅力之花"

女人周身散发出来的气质光环，多半源于内在的涵养。但凡有内涵的女人都集温柔、亲切、和善、诚恳、高尚、笑容于一体，这些优秀的品性都是一种丰厚的"养料"，能让女人的"气质"之树枝繁叶茂。同时，有涵养的女人，富有智慧，举止文雅，说话得体，拥有经得起时间打磨的美丽，可以说，一个女人只要拥有了内涵，她就会成为一朵开不败的"魅力之花"。生活中美艳的女性不少，但是真正可爱的女人却凤毛麟角。有涵养的女性，即便没有动人的容貌，但她的微笑甜美、性格和蔼，让人如沐春风，那种由内沉淀出来的气质之美，要远远超越容貌之美。

01. "内涵"是一种养分，能让"气质"枝繁叶茂

☆ 内涵才是女人真正的美，它是贯穿女人终身发展的主线。没有它，气质只会低下，漂亮只会减半。

☆ 内涵是女人在一颦一笑间蓦然聚集在身上的一道五彩光环，是女人在举手投足间不自觉的气韵外露，也是女人内在深厚底蕴的外在体现，它不是一种表面功夫。那些胸无点墨，出口成"脏"的女人，即便是外表装饰得再华丽，也毫无气质可言，反而给人一种粗俗、肤浅的感觉。

☆ 书籍、知识、思想、才艺等都能丰富女人的内心，这些"养分"是源泉，可以透过一根根血脉、一条条经络浸润女人的容貌，提升女人的品位和内涵。

　　一个漂亮的女子并不一定有魅力，而一个有气质的女人则一定是充满魅力的，气质是女人魅力的核心，而女人的气质则源于内在的涵养。凡有内涵的女人都集温柔、亲切、和善、诚恳、高尚、笑容于一体，这些优秀的品性都是一种丰厚的"养分"，能让女人的"气质"之树枝繁叶茂。所以，要做到气质出众，除了穿着得体、说话有分寸外，还要懂得用内涵时时地给"气质"之树添肥加料，让自己拥有时间打不败的"美丽"。

　　在由十几家主流媒体联合主办的"中国最美50名女人"评选活动中，于丹脱颖而出入围前十名，成为当之无愧的"美丽之星"。

　　其实，与一些长相漂亮的明星相比，于丹的姿色并不出众，但深厚的知识底蕴却让她从内而外散发出一种傲然的气质之美，她对古代文学的独特看法，对淡定人生的精解妙答，足以为她成功的人生保驾护航，一部《于丹论语心得》，独到、精辟地谈古论今，感情激荡，灵魂升华，便是最好的见证。

　　由此可见，有内涵的女人自身分量便会重很多，脚步也踏得最稳当，在人生路上她会具备抵抗泥泞坎坷的力量，在日积月累的磨砺中愈发强韧。那些仅靠艳丽的外表，奢靡的生活和狂傲的青春之美来博得大众主流的认可的人，则显得极为肤浅。要知道，鲜花再艳，总有凋零的时候。一个女人若单有美貌而缺乏深厚的内涵，她就如缺失垫片的鸡毛毽子，空有一时的飘舞灵动，却失去长久的紧实的脚跟，唯有零落成泥碾作尘。

　　对于女人来说，拥有美丽是一种幸运，而能够给美丽不断输送养分的则是深厚的内涵。美丽是女人值得炫耀的资本，但内涵才是女人身上不可或缺的精神气质，唯有丰富内涵，美丽才会延续，气质才会高雅，青春方能永葆，你才能成为一朵开不败的"魅力之花"。这也正应了以"内涵美"当选2007年第三美人的于丹教授的话：每个女人的前20年

是靠美丽的外表生活，女人的后半生都是要靠自己的修炼。

英国作家巴里曾说，魅力仿佛是盛开在女人身上的花朵。有了它，别的都可以不要；没有了它，别的起不了作用。而有魅力的女人都是有内涵的女人，对女人来说，内涵是一种神奇的资源，能让一个外表平凡的女子焕发出动人的光彩。那些法国沙龙里的女人通常不是很年轻，但她们却能凭借过人的智慧和深厚的涵养使那些头戴金冠的国王相形见绌。在很多场合下，当人们谈话陷入僵局之时，这种聪慧的女子能轻而易举地使整个局面改观。也许她们并不美丽，也并不年轻，但她们能将每个人的目光都吸过来，成为大家所追捧的对象。由此可见，女人持久的吸引力并不源于其光鲜靓丽的外表，而源于发自内心的涵养，它能让女人的世界变得光彩熠熠！

总之，女人的内涵美比外在美更隽永，往往都具有情趣，更有韵味。她可以像玫瑰一样馥郁芬芳，可以像咖啡一样意味悠长，也可以像天使一样善良动人。

• 气质女人修炼法则

女人，不能因为性别的优势就得寸进尺，那样反而会让你失去别人的尊敬，随时保持应有的涵养，才能让你周围的一切尽在掌握。

女人一定要有涵养，如同男人一定要有宽广的胸怀一样。内涵最能彰显女人的气质，它是心灵的至宝，是女人受用一生的财富。

时间可以扫去女人青春的红颜，却扫不去女人经历岁月的积淀后，才焕发出来的美丽。这份真正的美丽就是女人的内涵、修养与智慧，它就像秋天里弥漫的果香一样，由内而外地散发出来。

02. 女人有"教养"，才能焕发强大的"气场"

☆ 约翰·洛克说："在缺乏教养的人身上，勇敢就会成为粗暴，学识就会成为迂腐，机智就会成为逗趣，质朴就会成为粗鲁，温厚就会成为谄媚。"

☆ 凯洛夫说："天赋仅给予一些种子，而不是既成的知识和德行。这些种子需要发展，而发展是必须借助于教育和教养才能达到的。"

☆ 格里美尔斯豪森说："没有教养、没有学识、没有实践的人的心灵好比一块田地，这块田地即使天生肥沃，但倘若不经耕耘和播种，也是结不出果实来的。"

　　女人可以貌不出众，可以平淡无奇，但是不可以没有教养。一个有品位、有气质的女人，必须首先要有教养。拥有"教养"，才能让女人散发出强大的"气场"，拥有致命的吸引力。可以想象，一个粗俗无礼，张口便大声叫嚷，随地吐痰，说话尖酸刻薄，斤斤计较的女人，纵使外表再光鲜，也会让人心生鄙视，哪会有"气场"而言。相反，如果一个女人说话总是和蔼可亲、举手投足都彬彬有礼，尊敬长辈，知书达理，在公众场合表现得端庄大方，不做作，不轻浮，带给人的是一种精神上的愉悦，充满了致命的吸引力。所以，要做一个富有吸引力的"气质"女人，一定要先有"教养"。

　　思想家勃克曾写过这样的话："教养比法律还重要……它们依着自己的性能，或推动道德，或促成道德，或完全毁灭道德。"什么是有教养的女人？教养不是随心所欲，唯我独尊；是善待他人，善待自己，认真地关注他人，真诚地倾听他人。真正的教养来源于一颗热爱自己、热爱他人的心灵。"己所不欲，勿施于人"就是对教养最好的诠释。

　　教养是女人永恒的气场源，一个没有教养的女人，无论她长得有多漂亮，都不会受到人们的欢迎。正如约翰·洛克所说："优良的品德是内心真正的财富，而衬显这品行的就是良好的教养。"

　　李老伯和张老伯两位老人是多年的好友，经常一起下棋，一起去河边钓鱼。两个人的关系不错，但是，最近闹了些别扭。李老伯因为钓鱼的时候张老伯在河边用大网晃动了下，导致自己无法钓鱼而生气。两个人因为这个事情吵了起来，两位老人也因此几天都互相不理会对方。

　　李老伯的女儿看到老爸这几天既没有出去钓鱼，也没有出去下棋，感到很奇怪。于是她主动地和老父亲谈心，然后才知道原来因为钓鱼的时候张老伯晃动了大网，害得父亲没有办法钓鱼。虽然这事是张老伯不对，但是李老伯的女儿并没有说什么坏话，而是对父亲说："老爸，你这么大岁数了，就张老伯这么一个多年的老友，因为这点事起冲突，实在不应该。这样，明天我带你一起去找张老伯，你们和好如初吧！"听到女儿的话，李老伯没有说什么。

　　张老伯的女儿上班的时候，发现老爸在院子里面补渔网，一脸怒气。她上去问老爸："您这是怎么着了？谁惹你了？"张老伯于是就把李老伯告了一状，张老伯的女儿听说了这件事后，很气愤地打通了李老伯家的电话，张口就是一顿痛骂。此后两位老人再也没有和好。因为张老伯不好意思再见李老伯，而李老伯也因为张老伯女儿的过激行为不愿意再原谅他。

　　有教养的女人不会随着岁月流逝而失去光泽，而会越发耀眼迷人。在任何时候，有教养的女人都能呈现出与当时的环境最得体的一面，焕发出强大的气场，充满着无穷的魅力。有教养的女人是一道美丽的风景线，笑看岁月，然后美丽依然。有教养的女人用自己的宽容和涵养去对待一个人，而缺少教养的女人则喜欢用暴力和野蛮回敬一个人。有教养的女人才是有气质的女人，才会受到人们的欣赏和欢迎。

03. 男人之美在深度，女人之美在气度

　　☆ 男人之美，美在深度和真诚；女人之美，美在风度和表情。有深度的男人如山一般厚重，有气度的女人如水一样温顺、有涵养。

　　☆ 有气度的女人，行事稳妥，无论何时自己都多了几分应急的把握。言谈间稍留一句，能保你多几分服人的稳重。

　　☆ 有深度的男人少说多做，不急于表现自己，信奉"沉默是金"的训言；有气度的女人刚毅坚韧、大度宽容、自信从容中见气定神闲。一个有气度的女人，身处逆境时不怨天尤人，身处顺境时处之泰然。

　　一个有深度的男人一定是有魅力的，而一个有气度的女人，则一定是有气质的。一个有气度的女人，绝不会因为鸡毛蒜皮的小事斤斤计较，更不会沉浸于是非之中无法自拔，她们会在人生的涨跌间显沉稳，在沉浮中展气魄，在得失间见胸襟。一个有气度的女人，世事洞明，人情练达，宽容大度，成熟简单，善解人意，温柔善良，拥有良好的文化素质及道德修养。同时，还要有品位，有良知，孝敬父母，体贴丈夫，疼爱孩子，懂得感恩和回报，为人正派，做人忠厚老实，这样的女人处

处能散发出诱人的光彩，让人不由得想靠近。

对女人来说，气度决定着其内涵，而气质是最需要内涵去支撑的，所以，有气度的女人一定是有气质的。可以想象，一个女人若是心胸狭窄，尖酸刻薄，斤斤计较，天天家长里短，惹是生非，哪会有什么气质和魅力可言呢？相反，一个心中装有善良和宽容的女人，就算无靓丽的容貌，从骨子里透出的气质也是高雅和善的。

电影《火天之城》中，一对日本夫妻有这样一段对话，引人深思：

妻子去为丈夫泡茶，在一旁愁容满面的丈夫说道："人和人的约定能相信吗？"

妻子笑而不语。丈夫便有些气愤地说："笑什么？"

妻子转身微笑着说："这才像您嘛，总是怒气冲天的。"

丈夫更为气愤，顺手将妻子端来的茶碗砸了出去，扔在了墙边。妻子顿时惊讶，但很快又恢复了平静，转过身去捡起茶碗来，又过去给丈夫倒茶。丈夫怒气更重了说："你怎么总这么笑呢？"妻子镇定了一下，然后强笑着鞠了一躬说："是我惹你不喜欢了，对不起……"

丈夫说："你别说什么'对不起'了！怎么总是这样！"

妻子含泪委屈地看着丈夫说："不管什么时候都要笑。"

丈夫答："这样的我很好笑吗？烦恼于工作，把这样的我当成傻瓜看吗？"

妻子吓呆了，但是脸上又逐渐展露出了笑容，时而低头看着丈夫，一会儿，便缓缓地说道："女人作为家里的一部分，不管遇到何事都要微笑对待……"男人怒气渐消，觉得自己有些冲动，心想，真是一位听话的贤妻啊！接着妻子又说道："父亲从小就告诉我说，女人不笑的家庭就没希望，不管多么绝望和艰难都要保持微笑……让你不喜欢了，对不起！"妻子深深地鞠了一个躬！

可见，有气度的女人，处处都透着优雅气质，对于故事中的女主人公，即便我们不知道她的长相如何，但是单从她大气、善解人意的处事方式，都让人觉得她充满了吸引力，让人心生向往。

电视剧《德川》里有这样的一句话："教育男性，可以振兴一代人；而教育女性，会振兴一个民族。"而教育女性，最为关键的是要让女人有气度。女人的一生，一辈子会经历女儿、妻子、母亲的身份。作为女儿若能大度，其孝道和懂事必能让父母省心省力；作为妻子若能大度，其隐忍和坚强也势必能成为丈夫的贤内助；作为母亲若能大度，其善良与和蔼必能塑造孩子良好的性格，甚至还能影响到下一代。这就是为何教育女人可以振兴一个民族的原因。由此可见，气度对女人的重要性。所以，作为一个女人，要提升气质，一定要先从修炼强大内心，拥有气度开始，它是塑造女人优雅气质极为关键的内在因素。

• 气质女人修炼法则

气度是一个人心理素质的表现形式，它是决定一个人成败的必要因素。要想提高一个人的气度，就得不断加强和提高一个人的素质修养。

妒忌是气度提升的大碍，要做气度女人，必须要矫正自己的心理，正确地认识自己，正确地对待自己，在改造自己的思想中提升自我气度。

气度的提升，还需要不断地学习、积攒，学习他人的经验教训，积攒培育气度的成功和失败，吸取教训，积攒成功，不断地充实完善自己。

04. 把自己磨成"钉子"，最终扎疼的是自己

☆ 苏芩说："傻女人傻做派，你把自己磨成一颗钉子，最终扎疼的却是自己。"

☆ 一个女人，如果婚姻不够幸福，是因为她的姿态不够柔软。精神不够强大，是因为她的心态不够柔软。柔软，是世上最强大的力量。

☆ 当一个人开始变得挑剔，完美便离他越来越远了。

☆ 一个习惯了说"NO"的女人，会在他人眼中越来越没吸引力。

要做有魅力的气质女人，就拒做"钉子女"：个性刁钻古怪，行事尖酸刻薄，话语锋利，爱揭人"伤疤"，好挑错，总爱刺对方的痛处。这样的女人，因为心胸狭窄，看问题狭隘，缺乏内涵，所以很容易遭人厌弃。同时，这样的女人也是毫无气质可言的。

能被他人所认同，提及自己的得意之处，是每个人的心理诉求。而把自己磨成"钉子"的女人，则因为行事刻薄，总爱找茬，总喜欢触及他人的痛事、憾事、错处、短处、隐私等，其行事方法也等于在打人耳光，这样做的结果便是招人怨恨、报复，伤人害己。女人的这种行事方式也无异在自毁形象和气质。

《红楼梦》中的林黛玉，无异就是"钉子女"的代表。她与贾宝玉的爱情悲剧，首要原因该归结于她尖刻、孤傲的个性。她说话总爱带"刺"，扎人刺己，正所谓"见一个打趣一个，仿佛一面镜子，映照出他人的种种丑陋和可笑"。

史湘云的舌头有点大，说话爱咬舌，常常把"二哥哥"喊成"爱哥哥"，为此，黛玉便嘲笑她说："偏是咬舌子爱说话，连个'二哥哥'也叫不上来，只是'爱哥哥''爱哥哥'的。"说话咬舌头，是史湘云的生理缺陷，这是十分忌讳的，可黛玉却偏偏揭"伤疤"，果然，史湘云也生气了："她再不放过人一点，专会挑人，就算你比世人好，也不犯见一个打趣一个。"

正所谓"人要脸，树要皮"，林黛玉从来没有想过像薛宝钗那样用谦恭的态度赢得人心，只会凭着任性和耿直的心态，看不惯什么就说什么，她偏不向人情屈服，受人情左右，更是将"人情"的隐私之处暴露无遗。

薛宝钗则不同，她与人相处随和，与人说话前总会先拔"刺"，从对方得意之处说起，甚至连劝人都让人感到舒心。

关于金钏的死，薛宝钗为了劝解王夫人是这样说的："姨娘是慈善人，固然这么想。据我看来，他并不是赌气投井。多半他下去住着，或是在井跟前憨顽，失了脚掉下去的。他在上头拘束惯了，这一出去，自然要到各处去玩玩逛逛，岂有这样大气的理，纵然有这样大气，也不过是个糊涂人，也不为可惜。"这话一出口，便让王夫人心中宽慰不少。

不可否认，"钉子女"最主要的特点是，爱挑剔，总爱对别人说"NO"。可以想象，当一个女人把自己磨成了"钉子"，便意味着她将成为别人眼中的"钉子"，最终不仅刺痛别人，也会扎疼自己。一个人人厌弃，遍体鳞伤的女人，又有何气质可言呢？

所以，女人要提升自我气质和魅力，就一定要磨掉自己身上的"钉子"气质，做个温婉、和顺、识大体的"公主"。

· 气质女人修炼法则

有气质的内涵女人就是要感性而不张狂，典雅而不孤傲，内敛而不失风趣。

气质女人要遵循的说话原则：1. 别向他人过多地解释自己；2. 别在喜悦时许下承诺，别在忧伤时做出回答，别在愤怒时下决定。

05. 智慧女人爱"曲线"，愚笨女人爱"直线"

☆ 凡事只认"死理儿"的"直线女"，只会处处碰壁，惹人厌弃；而凡事讲求婉转之美的"曲线女"，则很容易被人接纳。

☆ "曲线"处事不是一种妥协，更不是一种毁灭，而是在战胜困难过程中的一种理智的忍让，是为了让生命锻炼得更坚强。

有人说最美丽的莫过于"曲线女"，那种凸凹有致的身材曲线，给人的是一种勾魂摄魄的视觉冲击力。而那种飞机场式的"直线"女，则少了一种女人该有的韵味。生活中，人们不仅爱身材有"曲线"感的性感女，更爱那种行事讲求"曲线"的内涵女。这样的女人是智慧的，凡事懂得转弯，处世豁达，她们不仅能接受变化，而且还能适应变化，无论何时何地，都能巧妙地化解和消融人与人之间的不快和尴尬，将自我幸福最大化。这样的女人个性是乐观的，心胸是开阔的，是富有内涵的气质女人。

而那些凡事只认"死理儿"的"直线女"，行事则是直截了当，直言直语，无法接受别人的一丁点儿怠慢，更是忍受不了一丁点儿的委屈。她们不仅是自己的公主，而且还把自己当成全世界的公主，骄纵、自恋，但是也很单纯、很天真，很自以为是，总觉得自己高高在上，别人都要围着她转。这样的女人，内心通常都是空虚的，眼神也是空洞的，因为缺失了智慧女人该有的内涵，所以，周身不会呈现出任何的光彩和气质。

在婚恋场上，懂得婉转之美的"曲线"女人都是善解人意的：当她无意发现了丈夫的私房钱，不会直接去揭穿，而是会在丈夫放私房钱的地方偷偷放进去一些，并且还会留纸条，写道："亲爱的，以后钱不够就给我说，你是咱家的经济支柱，可不要在外委屈了自己。"自己的男人应酬回家，如果发现一道口红印，她不会怒气追问，只会在洗衣服的时候说："这衬衣上是什么呀，这么难洗，下次可一定要注意哦！"当自己的生日撞上了男人的加班日，她会体贴地回话说："没关系哦，明天再补，让我再享受一天年轻一岁的感觉吧！"……这样的女人如何不令男人感动！一定会死心塌地宠她、爱她。这样的智慧女人，因为懂得给男人找台阶下，自然在她的爱情中，就常有台阶可下。

而相反，愚笨的"直线"女人，若意外知道了老公的不可告人的秘密，会立即翻脸，哭天喊地，一哭二闹三上吊，搞得家里鸡犬不宁。这样的女人，会令天下男人打退堂鼓！毫无魅力和气质可言。

智慧的女人，总能巧用"曲线"的处世方式，凡事处处为他人考虑，站在别人的角度考虑问题，如遇尴尬，她们会巧妙地化解。面对朋友无理的请求，她们也不会直接拒绝，而是会委屈地说出理由，既保全朋友的面子，又给自己找了台阶。比如，朋友请她吃零食，她想拒绝，但不会直接说："不吃不吃，我从来都不喜欢吃零食的。"而是会说："谢谢，这零食看着就很好吃，闻起来香喷喷的，可惜我刚刚吃完饭，没有胃口吃了，真是太遗憾了。"如果要给久聊的客人下"逐客令"，她会到房间对丈夫说："你看，我朋友这么晚来找我，你快点给人家想个办法出来吧，别让人家总这样等着。"然后，会转身笑盈盈对朋友说："您再喝杯茶吧！"

而愚笨的女人，则会"直截了当"，把话说死，说绝，说得毫无退路可走。比如，她会这样警告做错事的下属："我永远不会像你一样做那样的蠢事"、"谁像你那样从不开窍，这么简单的问题都解决不了"、"看你那德行"，等等，不仅伤人而且害己。

懂得"曲线"处世的智慧女人处处受欢迎，而"直线"行事的愚笨女人则处处受排挤。

几何学上认为，直线距离是空间上最短的距离。然而，对于女人来说，无论在情场还是在交际场上，最短的距离不是直线的距离，而是曲线的距离。因为"曲线"，更能够拉近人与人之间的距离；因为"曲线"使许多事情更容易达成。正如大师南怀瑾所说："为人处世，运用巧妙的曲线，只此一转，便事事大吉。"换句话说，就是：处世要讲婉转的美。

其实，"曲线"的内涵是极为丰富的，比如：柔和、变通、圆融、灵活、弹性、应变、适应、隐藏、低调、退让、适度地妥协……对于女人来说，学会巧妙地运用"曲线"，实际是为了更好地站立。有时候，适当的弯曲可以为自己赢得美好的爱情，充满幸福的家庭和充满希望的事业机遇。

身为女人，切勿做爱"直线"的愚笨女人，而要做富有智慧的"曲线"女人。前者因为无内涵，所以惹人讨厌，后者因为内涵丰富而充满着迷人的魅力。

· 气质女人修炼法则

有内涵的气质女人一定懂得：人世之旅，有诸多的磨难与坎坷，很多时候难免要直面矮檐。而"弯曲"就是生命在不堪重负的情况下，适时适度地低下头，躬一下腰，抖落掉多余的沉重，以求走出矮檐而步入华堂，避开逼仄而迈向辽阔。唯有如此，人生之旅方可伸缩自如，步履稳健，一路走好。

06. 多敲"当面锣"，少击"背后鼓"

☆ 一个女人嘴巴那么狠毒，即使面若桃花，也会让大家觉得她满身是刺，接近她就会被刺伤。

☆ 爱惹是非者，必是是非之人；若在背后损他人十分，就会自损七分。

☆ 当你在别人背后说闲话时，你所谈论的重点其实不在那个人身上，而是暴露了你自己的人格本质，也是在自毁气质。

"当面锣"与"背后鼓"，属于做人处世的两种截然不同的方式方法，敲好"当面锣"是指女人凡事都会将话说在人前，为人行事光明磊落，不惹是非。这样的女人因为有颗爽朗且善良的内心，而能升发出迷人的气质来。而乱打"背后鼓"的女人，就是爱在人后说闲话，传播小道消息，惹是非。这样的女人因为心胸狭窄而惹人鄙视，毫无内涵和气质可言。

著名作家王小波说："鸡多不生蛋，女人多了瞎捣乱。"说的就是女人先天就具有"八卦"的本性，俗话说"三个女人一台戏"，这台戏的主角就是闲话。爱击"背后鼓"的闲话女人，滔滔不绝的"八卦"行为，只会引来他人鄙视的目光。这样的女人，即便是有如花似玉的容貌，也毫无气质可言。

每个人都知道在别人的背后说闲话是一件很不对的事情，但是女人仍然改不掉这个坏毛病。其实你在别人背后说闲话的时候，那个听你闲话的人也会在心里面产生不安的感觉，而你自己心里面也会有担心被出卖或者被传播的恐惧。说人闲话完全没有益处，不仅仅会降低一个人的气质，还会招来他人的非议。有句话说"这个世界上没有不透风的墙"，早晚有一天你的闲话会传到议论的人耳中，而你也将遭受到他人非议的语言攻击。

说闲话就相当于在打击一个"落水狗"，它本身就没有还击的机会，你这样朝它扔石子，不会让别人觉得你厉害，只会让别人看到你丑陋的外貌。

初次来到公司的欧阳洋是一名刚刚毕业的大学生，她在学校的时候，就学习成绩优秀，刚刚大学毕业就被这家公司招进公司做业务员。为了能够快速地爬上更高的位置，她决定先从身边的人下手。公司带她的一个女孩是早她一年来到这里的员工，女孩叫可可，平时人很热心。他们的小组长是一个叫缓缓的女孩，人很年轻，看上去和他们不相上下。欧阳洋想要首先爬到缓缓的位置，但是缓缓却对她不是很照顾。

欧阳洋看到可可也很有能力，但是却没有做到缓缓的位置，于是便和可可说："我觉得你很有能力，完全可以代替缓缓做组长，缓缓有什么能力骑在你头上啊？"可可听到欧阳洋的话，起初露出了一个奇怪的表情，随即说道："缓缓有缓缓的优势，她的工作能力和管理方法都在我之上，而且比我多一年的工作经历，站到那个位置是应该的。"听到可可的话，欧阳洋挺不服气地说："多一年经验有什么啊？没看出她哪里好，整天就知道使唤人。"

马上就要到欧阳洋的转正时期了，缓缓一次找到欧阳洋谈话，希望她能够将工作中有什么不满的地方说出来，但是欧阳洋却说："我没有什么不满意的啊，我还要多向你学习呢！"缓缓笑了笑，没说什么。但是在新来的五名员工中，被公司留下来的只有三个，其他两个人公司都没有聘用，其中的一个就是欧阳洋。等她离开公司的时候才知道，原来可可是缓缓的妹妹，新来人员的去留是缓缓选择的，面对一个喜欢背后说人坏话的女孩，缓缓自然不会选择将这样的女孩留下来。

流言蜚语就像是柳絮一样，遇到风就会随处飘散，而且风越大，吹得就越扩散，波及的面就越广。搬弄是非是女人最厉害的毒药，不仅伤人还伤己。爱击"背后鼓"的闲话女人，你在她的身上看不到一点高尚的情操。要知道，光明正大的话是不可能出自小人之心，更不可能出自小人之口。只有那些经过添枝加叶的谣传才会在那些小人之间生根发芽，最后祸及无辜，伤及自己。随意地对他人品头论足，本身就是一种不礼貌的行为，不能显示出一个人的高贵和美丽，只会让一个女人变成毫无修养的悍妇。

所以，要做气质女人，一定要多敲"当面锣"，少击"背后鼓"。

• 气质女人修炼法则

有智慧的女人是不会搬弄是非的，她不会给别人留下自己的把柄。

07. 开启"爱心之窗"，骨子里便能透出优雅

☆ 斯普兰妮女士曾说："女性的内在价值是通过多方面体现出来的。事业仅是价值的一部分，更多的是那种体现关心弱者的爱心。"

☆ 科学家爱因斯坦说："对于我来说，生命的意义在于设身处地地替别人着想，忧他人之忧，乐他人之乐。"

☆ 任何一个女人，特别是那些为自己的事业、工作而奋斗的女人，千万不要因为事业而影响了个人的形象表现价值，不要因为繁重的工作而关闭自己的爱心之窗。

周星驰在《唐伯虎点秋香》中说了这样一句台词："原来当今世上最美丽的笑容，就是充满了爱心的笑容。"有爱心的女人看上去远比那些外表靓丽的女人更加地让人喜欢，因为心灵美是优雅的永动力，一个女人若能打开"爱心之窗"，那她的骨子里都能透出优雅的气质来。要知道，优雅须先修心，修于心才能形于外，优雅的气质则自然地流露。《巴黎圣母院》中的卡西莫多是世界文学史上最丑的人，但是在读者和

观众看来，他实在要比那位卫队长和神父美丽得多。读者和观众之所以会有这样的审美感受，主要是因为他有一颗善良美丽的心。所以，与其装扮外表，不如打开自己的"爱心之窗"。

一个女人的外表美固然是十分重要的，但是外表的美丽却不堪岁月的流逝，只得一时。然而，心灵的美却能够影响人一辈子。它不怕岁月的流逝，在岁月的沉淀下，会显得越发珍贵和真实。有人说："当一个女人拥有爱心的时候，她的骨头里都透着优雅。"女性心理与形象咨询中心的创办人斯普兰妮女士曾说过："女性的内在价值是通过多方面体现出来的。事业仅是价值的一部分，更多的是那种体现关心弱者的爱心。"当一个女人冷酷地从那些需要帮助的人身旁无情地走过的时候，没有爱心和修养就已经给这个女人定位了，你会觉得她有气质吗？

威斯汀夫人准备去参加梅尔夫人家举行的舞会。那天，天还没有亮，威斯汀夫人便早早地起床，吩咐女仆点上蜡烛，开始为自己梳妆打扮了。威斯汀夫人由于年纪不小了，头发有些稀疏，所以就戴着假发。为了能够让自己的假发看上去天衣无缝，女仆们为此反复地戴上，取下，再戴上，再取下，这样折腾了一个小时。为了让自己看上去容光焕发的样子，女仆们为她描眉、化妆，又是一个小时过去了。

马车车夫在外面已经等候多时了，而威斯汀夫人却还没有准备好走出来。天气寒冷，还下着雪，车夫没过多久脚就冻僵了。因为去往梅尔夫人家，需要走好远的路，车夫提醒威斯汀夫人，应该上路了。但是她毫不理会，站在镜子面前，开始不断地试穿礼服。当这一切都准备好了，她才慢悠悠地登上马车，前往梅尔夫人家。

在威斯汀夫人到达梅尔夫人家的时候，舞会已经进行到了尾声。威斯汀夫人十分地生气，她穿着高跟鞋，一脚踢到了车夫的肚子上。虽然威斯汀夫人打扮得十分漂亮，但是宴会里的男人却没有人请她跳舞。主持宴会的梅尔夫人扶起车夫，并给他递过一杯热水，安排他到休息间等太太。当主角梅尔夫人站在舞会中间宣布舞会的结束时，下面的人不禁地感叹，"上帝啊，这是多么气质的女人啊"、"她看上去太美丽了"。

威斯汀夫人非常的不高兴，她走上舞台，却因为裙子太长而趴到了地上。人群中传来了一阵哄笑声，她急忙爬起来，这个时候来了一股风，威斯汀太太的假发被刮掉了，大家又是一阵哄堂大笑。威斯汀夫人站在那里喊了一句："不许笑。"结果却晕倒了。因为为了不发胖，她已经三天没吃饭了。

很多人都会为威斯汀夫人的愚蠢而感到好笑，却忘记了自己为掩饰身上的一些缺陷，也会每天对着镜子耗费大量的时间。其实一个人外在的缺陷远没有内心的缺陷恐怖，靠外在的美丽吸引别人只得一时，而内心的美丽却能够让人永世不忘。其实你在外在的修饰花费多少时间，你需要掩饰的缺陷就有多少。外在的美丽无法得到永恒，在这个世界上，只有善良这个美德才是唯一永不凋零的花朵。

这个世界因为拥有女人而更加生动，女人也因为具有爱心而更加的美丽。女人的爱心就是善良的表现，是人的最根本。优雅的气质必须具备爱心，女人要通过你的爱心让别人看到你优雅的气质。当你给予别人帮助的时候，你的形象顿时价值攀升百倍，在这个世界上，爱心能够解决一切困难，气质的女人胜于一切漂亮的女人。

> **· 气质女人修炼法则**
>
> 当一个女人拥有爱心的时候，她的骨头里都透着优雅。
>
> 与其装扮外表，不如充实自己的内心。
>
> 没有修养和爱心的女人是和气质搭不上边的。

08. 谦逊是"气质女王"的"皇冠"

☆ 一个喜欢四处炫耀自己能力的女人，只会让人心生厌恶，完全没有任何的气质。

☆ 邓拓说："越是没有本领的，就越加自命不凡。"谦逊是一种修为，一种气度。当人们见惯了太多意气风发者的踌躇满志，只能对过眼烟云般的各类光环淡然以对。只有谦虚的女人才有独特的气质，懂得谦虚的女人是智慧的女人。

苏霍姆林斯基有一句名言："谦逊为一切美德的皇冠。"谦逊是一种必不可少的品质，尤其对于女人。在成功的面前，静如处子、稳如泰山的女子，一定会让人竖起拇指连连称赞，谦逊是一个女人最迷人的气质和品质。生活中见惯了那种扬扬得意的女人，她们因为有几个追求者，就四处炫耀自己的魅力。因为自己曾经参加过一些比赛获奖，就和别人夸赞自己的能力。但是，这样的女人并不能得到人们的赞扬。

谦逊是一种姿态，一种风度。做人要懂得谦逊，谦逊能够克服骄矜之态，能够营造良好的人际关系，因为人们所尊敬的是那些谦逊的人，而绝不会是那些爱慕虚荣和自夸的人。女人想要拥有气质，就一定要杜绝自夸自大。《老子》云："上善若水，水善利万物而不争。"不争不抢，低头默默地穿行于自然与万物之间，这才是能够使万物受惠并折服的方式。谦逊的女人大多沉稳、智慧，不会因为得到了实惠就张扬狂妄，更不会因为失去而呼天抢地。

有一位看上去很普通的女作家被邀请参加笔会，坐在她身边的是一位匈牙利年轻的男作家。男作家看看身边这位衣着简朴，沉默寡言，态度谦虚的女人，并不知道她是谁，男作家认为她只不过是一个不入流的作家而已。于是，他有了一种居高临下的心态。

男作家主动上去搭讪："请问小姐，你是专业作家吗？"女士看到他，回答说："是的，先生。"男作家于是立马询问道："那么，你有什么大作发表吗？能否让我拜读一两部？"那位女士听到他的话，很淡然地说："我只是写写小说而已，谈不上什么大作。"男作家听到此处，心里面开始扬扬自得，更加证明了自己的判断。

男作家继续问道："你也是写小说的？那我们算是同行了，我已经出版了 339 部小说，请问你出版了几部？"女人听到他的问话，很镇定地说："我只写了一部。"男作家听到女士说只写了一部，有些鄙夷地问："噢，你只写了一部小说。那能否告诉我这本小说叫什么名字？"女作家平静地说："《飘》。"狂妄的男作家顿时目瞪口呆。女作家的名字叫玛格丽特·米切尔，她的一生只写了一本小说。

那位文中的男作家至今已经无法考证，但是从他高调的炫耀的结果可以想到他当时的窘迫处境。可以说，玛格丽特·米切尔表现得十分低调，充分地展现了一个女人谦逊的气质。谦逊是一种以静制动的艺术，当玛格丽特·米切尔说出"飘"那个字的时候，可以想象，之所以她如此的平静是因为已经有了强大的底牌在支撑着她。一个谦逊的女人根本就不会去炫耀，因为她不屑于用这种手段去为自己宣传。

做人谦逊内敛不张扬，需要有厚实的内功做支撑，只有一个人知识、阅历、素质和修养都达到了足够的沉淀时，才真正地能够做到不说张扬之语，不做张扬之事，不逞张扬之能。

· 气质女人修炼法则

培根说："凡过于把幸运之事归功于自己的聪明和智谋的人多半是结局很不幸的。"

懂得谦逊的女人，懂得低头，这样才能获得幸福，而不知谦逊的女人，往往结局都是不幸的。

谦逊的女人大多平易近人，懂得内敛，受人尊重，这种女人往往也是最具吸引力的。

09. 心的"容积"越大，气质就会越高贵

☆《圣经》中说："心怀爱心地吃蔬菜，比心怀怨恨吃牛肉要好得多。"

☆ 古希腊哲人说："人如果选择了计较，那么他将在黑暗中度过余生；而一个人选择了宽容，那么他能将阳光洒向大地。"

☆ 其实细想想，那些让我们厌弃的人，他们身上或多或少都有些我们自己的影子。人性很有趣，我们最痛恨的，是从别人身上看到了自己的短处。阅历越深对人对事越会宽容，这其实是对自我的一种接纳。所以，管好你的脾气。戾气，恰恰彰显了你的短板。

人生不如意事常十之八九，面对困惑，心情难免会受到波动，但是情绪反应却又影响着我们的生活。生命的完整在于宽恕、容忍、等待和爱。如果一个女人心的"容积"很小，经常为一些鸡毛蒜皮的小事大动肝火，你能够从她的身上看到气质吗？一个女人内心的"容积"越大，其遇事遇物便会越淡定，其行为举止便会越优雅，气质自然便会越不凡。一个懂宽容的女人，她能够包容人世间的一切情感，折射出为人处世的经验和良好的涵养。当你看到一个女人有些什么事情，就喜欢推给别人，面对别人无意间的冒犯而暴跳如雷的时候，她身上的气质在那一瞬间便全部灰飞烟灭了。

可以说，宽容是女性最好的"化妆品"，宽容能够让一个女人看上去更加的美丽和有气质。其实，生活中的有些事真的不必较真，如果一个女人整天将自己沉浸在气愤之中，影响自己的情绪，甚至影响着自己的健康，这是一件多么愚蠢的事情啊。给那些不友好的人一个善意的微笑，既能够让对方无地自容，也能够给别人留下大度和善解人意的好印象。放下理直气壮的坏脾气，在适当的时候用自己的宽容面对一切，不仅仅能够体现出高贵的涵养，还能够显示出一个女人的高贵气质，让她成为一个受欢迎的人。

刘虹是一家公司的主管人员，因为职位和个人性格，决定了她无论做什么都要和别人不一样。有一次，公司的李阳因为库房的钥匙丢失，受到了公司的处分。刘虹知道了这件事，狠狠地批评了李阳。一些同事看不过去就在背后讨论，为什么刘虹如此针对李阳，后来才知道李阳是刘虹组的员工，在工作上失职就是在给主管刘虹的脸抹黑。于是她不仅仅狠狠地训斥了李阳，还扣除了他日常工作的奖金。

李阳因为受到了这些惩罚，心情很不爽，在工作的时候，又不小心碰倒了刘虹办公桌上的水杯，导致很多文件都受到了不同程度的损坏。刘虹揪住李阳的行为不放，开始大肆地批评他，而且还有一些很过激的语言。李阳一直在赔礼道歉，但是似乎不管用。刘虹还是决定要将李阳降级处分。

刘虹的不依不饶让李阳觉得待在这家公司，以后准没有好果子吃。所以，李阳决定辞职离开公司。一年以后，公司与其他公司洽谈合同，对方公司派来的谈判人员居然就是一年前离开公司的李阳，由于刘虹当时的过分行径，导致了这一次的谈判没有成功，公司为此错过了赚一大笔钱的机会。

无论是大事还是小事，都要学会宽容，宽容别人可以化解心中的伤害和痛苦。宽容其实是一份互惠的礼物，既能够让付出的人减轻痛苦，又能够让得到的人感觉到被接纳。富兰克林说："对于所受的伤害，宽容比复仇更高尚。因为宽容所产生的心理震动，比责备所产生的心理震动要强大得多。"宽容能够让一个人瞬间变得伟大，让很多难以解决的事情很容易地化解开来。女人修炼良好的气质就是要内外兼修，而宽容恰好是提升女人内在气质的一个良好方法。

·气质女人修炼法则

宽容是一种美德，有这种美德的女人自然是最美丽、最有气质的。

宽容是把一个普通女人变得更加有气质的最好方法，宽容也是女人最好的化妆品，因为生气会增长皱纹。

10. 别让"出口成脏"毁掉了你的形象

☆ 说脏话，不仅仅是一种不礼貌的行为，会影响你的个人素质，同时还会影响你的人格魅力。

☆ 一个文化素养严重缺失，没有内涵的女人才会满嘴的脏话。

☆ 喜欢说脏话的女人会显得十分的粗鲁，毫无气质可言，而且还会遭到身边人的厌恶和嫌弃。

一个谈吐文雅的女人，总是能够给人一种有学问、修养、才智的印象，可以说优雅的谈吐是一个女人魅力的来源之一。而相反，一些张口WK（我靠），闭口GD（滚蛋）"出口成脏"的女人，除了暂时标榜了自我，释放了快感外，也给自己的脸上涂上了一层层黑黑的油，将她们本来长得不错的脸上涂的粉给遮住了，看到眼里的只有那些令人作呕的黑，除了引来别人的侧目外，是不会有欣赏的眼光惠顾的。

什么是有气质的女人？有气质的女人至少不会是那种要么整天不说一句话，要么就是一张嘴满口脏话，吵起架来天不怕、地不怕的架势，这样的女人怎么会让男人心生怜悯，又怎么会让一个男人心生爱慕呢？要想成为一个优雅气质的女人，仅靠美丽的容貌是不够的，还要必须学会"说话"的艺术。至少说出来的话受听，而不是让人感觉没有礼貌、完全是没素质的脏话，这无异会毁掉你的优雅气质。

陈默是一个外表青春靓丽，长相甜美的女孩子，因为自身的这个优势，博得了很多男孩子的竞相追逐，终于同样很受女生喜欢的泽熙追到了她。在外人看来，他们简直就是天造地设的一对，但是没过多久，很多人就发现了，陈默经常一个人走在放学的路上，满脸的忧郁，泽熙很少陪在她的身边。过了没到两个月，这场令人称美的恋爱就以失败而告终。

当有的男生问泽熙怎么不好好珍惜陈默的时候，泽熙说了这样的话："陈默的确是一个外表很吸引人的女孩子，但是当你接触她，慢慢了解她，你就会受不了她。"好友凌霄问："难道她有公主脾气吗？这个也没什么，女孩子都会有一点。"泽熙痛苦地摇摇头说："就算她长相普通，就算她有公主脾气，我都能忍受，可是她居然是一个满嘴脏话的女孩，和她出去逛街，总感觉自己身边带了一个特别没有涵养的人，而且总是遭到大家异样的目光，我实在受不了她了。"凌霄也摇摇头说："可惜了那一副好皮囊啊！难怪她一直单身。"

一个女人谈吐优雅得体，不仅能够展现自身的迷人魅力，使别人感到自然、亲切和温暖。还会促成事业和爱情的成功。文中的陈默脏话连篇，即便是她长相漂亮，也依旧让人感到厌恶。其实一个女人谈吐越优雅，越能够展现一个女人的修养和气质。因为往往知识面越宽，知识层次越深，一个人就越有气质。无论一个人在社会上扮演什么样的角色，一个彬彬有礼的女人总是更受欢迎的。礼貌貌似小事，却直接影响了一个人的形象，以及别人对你的印象和态度。

· 气质女人修炼法则

一个习惯出言不逊的女人，是不会得到别人的喜欢的。

一个女人想要赢得别人的喜爱和认可，仅靠可爱的面孔、性感的身材是远远不够的，最重要的就是管住自己的嘴巴。

有气质的女人绝对不可以和粗鲁搭边，说脏话就会显示一个人的粗鲁。

气质女人会将"女人味"沁入骨髓

要提升气质，最为重要的一点，就是要懂得展露和挥发你的"女人味"。"女人味"之于女人，就像花朵赋予了春天活色生香。"女人味"能赋予女人独特的气质和魅力，或淡或浓，或热烈或优雅，正所谓"闻香识女人"，它能让女人焕发出独特的吸引力。但凡有气质的女人，都会让"女人味"沁入骨髓，将沁人心脾的"气韵"刻进骨子里，达到"身、心、灵"的合一。要想让自己焕发出独有的气质，就从培养独属于自己的"女人味"开始吧！

11. "有味道"是气质女人的终极体现

☆ 年轻漂亮如同麻辣香锅，喷香刺激，而有"女人味"韵味的女人如同蘑菇汤，养生滋润。

☆ 女人没有味道，就像鲜花不香，漂亮的女人不一定有女人味，有味的女人却一定很美，女人有味，三分漂亮可以增加七分，女人无味，七分漂亮则可以降至三分。

☆ 但凡女人，都爱一个词：气质。但是，你可知道，气质，并非女孩的事；气质是女人的事。不经些岁月的历练，属于你的气质便很难来敲你的门。

☆ 女人的美丽，随着岁月的流逝，都会变得旧一些，再旧一些，但是，女人身上那份陈旧的美丽，嚼在世人嘴里，叫作"女人味"。

☆ 当一个女人，能安然地接受岁月所带给她的一切，接受生活的全部，那份从容和淡定，就是让小女孩们要学十年才能学到的优雅。

在赞美女人的所有词汇中，"有味道"是对一个女人最大的肯定和赞誉。一个女人的气质首先就体现在"味道"上，一个无"味"的女人，其眼神是空洞的，举止是呆板的，外表长得再漂亮，也与气质无关。当然，什么才算是"有味道"的女人，这极难说清楚，是需要人用心去体会的。但可以肯定的是，有"味道"的女人是最有气质的，它是气质女人的终极体现。

一个女人在 20 岁时美在容貌，青春散发着清新的光芒，这样的女人会让人感到轻松愉悦。但这种感觉很快就会消失，很难让人在记忆中留下什么。女人在 30 岁之后，则是胜在气质。当女人步入这个年龄阶段时，其学识、经历、人生体验都有了极大的转变，思想的成熟体现为女性独特的气质美，这个时候的女人不仅美丽，而且是让人佩服的。随着岁月的流逝，女人所有的美丽都汇聚为一个词，那便是"味道"。这种美源于其对生活的感悟，对人生的理解，源于她处世的姿态，这一切的因素组成了一个女人独特的味道。由此可见，味道就是一个女人的内涵和她独特的神韵。可以说，漂亮女人是让人惊叹的，有气质的女人，是让人回味无穷的。

在一期关于女人与婚姻的电视短片中，一位嘉宾这样评价有味道的女人："一个女人在婚前是很难做出判断的。就像我们去买包子，看外表都差不多，但时间长了，我们就知道这个包子里面有没有肉，女人也是如此。"有味道的女人在生活中散发着持久的芬芳，而这种芬芳便是气质。

今年 25 岁的邢丽总是担心自己的青春流逝后魅力褪减，做推销工作的她，有一个叫张岚的女客户，是一家公司的经理，已经年近四十。她们的关系非常亲密，经常在一起吃饭。相处久了，邢丽发现张岚是个非常有魅力的女人，她穿着总是很得体，什么衣服穿在她身上都会让人忍不住多看一眼。平时她也只是化一些淡妆，笑起来的时候眼角有丝丝的鱼尾纹。尽管如此，张岚依然是位迷人的女士。这让 20 岁出头，长相不差的邢丽自觉逊色许多。

张岚在平时是不擦香水的，但她给人的感觉仿佛周围总是弥漫着一股香气，让人心旷神怡，回味无穷。是的，跟张岚相处就好像是置身于万紫千红的百花丛中，温暖而迷人。

一度漂亮的邢丽非常担心自己的美貌会随着年龄的增长而逐渐逝去，但是自从认识张岚后，她的这种担心全然没了。

原来女人的魅力并不会随着时间的推移而减少，在岁月的磨炼中，女人会更有味道，更加迷人。

有韵味的气质女人，就算青春尽逝，相貌不佳，同样也能散发出迷人的魅力和强大的吸引力。但凡聪明的女人，都懂得修炼自己的"味道"，她们在与时间的抗争中明白，只有女人味才能使自己保持永久的魅力。她们在工作中从不摆出一副冷冰冰的女强人的面孔，而是在柔情似水的外表下，跳动着一颗坚强的心。

有"味道"的气质女人，犹如一季春光，犹如一片有韵味的园林，男人走近她，首先会被她那娴静的、生机勃勃的一片浓绿所吸引。于是，男人便很快体会到了女人的温柔、知性、善良、淡雅，吐气如兰的气韵，会觉得与她打交道是件快乐的事。因此，男人会暂时忘却尘世的喧闹、世事的纷争，以及各种各样的烦闷，被这纯净而又浓郁的绿色涤荡得干干净净，此时男人会恍然大悟：这样的女人之所以诱人，不在于美貌和曼妙的躯体，在于她能给男人创造一个神秘清幽的境界，一种舒心轻松的气氛，一副宽容可亲的面容和心态，这样的女人只可意会不可言传，带给人的是绝美的享受。

·气质女人修炼法则

对于女人来说，容貌是天生的，而"味道"是需要后天的修炼得来的。仔细观察周围的那些美丽的女人，你会发现她们并不一定有美丽的容颜和完美的身材，但她们却能给人一种美的享受。因为她们有自己的"味道"。作为一个女人，可以没有先天的美貌，但是一定要有味道。味道是一个女人独特的标志和神韵，是女人气质的终极体现。

12. 不做"理性女"，要做"知性女"

☆ 苏芩说："异性，不是爱那些无瑕疵的伴侣，异性，只爱那些动人心魄的伴侣。一个女人最终极的吸引力，来自于，她懂得如何做一个真正的女人。"

☆ 女人是感性动物，一个女人如果对事、对物太过理性，只会显得"死板"、"无趣"，这样的女人是缺乏女人味的。

☆ "理性女"像一块方方正正的铁块，冰冷、缺乏圆润通透的韵味和情趣。"知性女"就像一块未开琢的璞玉，经过时光的细细打磨，越发显得晶莹、圆熟，让你时时感到美丽绵延无绝期，青春辗转无尽头。

无论在婚恋场上，还是在交际场上，人们大都不喜欢"理性女"，但都会喜欢"知性女"。

"理性女"和"知性女"从字面上看去，可以这样讲：理性，就是事事都从理论的角度出发，为人做事都显得过于刻板、呆滞。知性，就是知道很多事情，但可以充当有趣的谈资。"理性女"之所以不受人待见，身上有一种人缘"抗体"，要么精明强干，曲高和寡，要么冷若冰霜，太善于掩藏自我。这类女人之所以让人望而却步，气质中是有一种

叫作"距离"类的物质。

办公室里最精明干练的 OL 往往乏人问津，讲坛上博学多才的睿智女先生令男人却步，相亲时侃侃而谈、博古通今、纵横五千年的女学者绝对捞不到下一次见面的机会……过分的理性，令女人失去了女人的属性。要知道，当一个女人丧失了做女人的属性，那么，她便必定会让人望而却步，尤其是会遭异性的排斥。

而"知性女"便不同了，她们也博学，也强干，但却不乏热情和情趣，最重要的是富有亲和的魅力。她们或者风情，或者多情，或者热情，总之，她们在保持理性的同时，总能适时地恰到好处地展露女人的属性，把自己的"情"，让他人看得一清二楚。这样的女人，内刚外柔，内强外弱，精练而不乏亲切，陌生人愿意靠近，朋友愿意向她敞开心扉，男人愿意追求，客户愿意与之沟通，上司愿意与之交流，同事更愿意与之合作。

与"理性女"相比，"知性女"理性但不乏温润，感性却不张狂，典雅却不孤傲，内敛却不失风趣。就像刘若英、蔡琴、张艾嘉，她们虽算不上天姿国色，但却富有才情，而且温和、清爽、真实。一如她们的歌声，飘散着温润的芬芳，愈品愈香浓，其中不仅有藏不住的妩媚动人的女人味，还沁出了淡淡诗情……

为此，女人要提升自己的吸引力，修炼自己的内在气质，就该拒做"理性女"，而努力做一个"知性女"。当然，"知性"是一种积累，是要靠女性的包容、智慧、勤奋与判断力一点点造就出来的。温存和顺、知书达理，积极健康地生活着，都是对"知性女"起码的要求。

同时，女人的"知性"还源于知识的深厚和广博。读书可以让女人天马行空，视野开阔。书中自有颜如玉，书中自有黄金屋，读书引领我们去穿越时空聆听孔子的教诲，可以欣赏曹雪芹红楼里的万种风情，可以在秦时的明月下低吟浅唱，可以到唐诗宋词里去触摸闺怨的凄美苍凉。用知识的清泉润泽灵魂的女人，会更自信、自强，更具有女人味。

正所谓"腹有诗书气自华"，对书的钟爱，能让女人收获思想，愉悦情怀。庄子的超脱，陶潜的隐匿，岳飞的壮怀，李白的浪漫，李清照的婉约，都会给人一种澄澈之心、充沛之气、向上之力和女人之情韵。一个"理性"又不乏"感性"的情怀女人，无论在哪里，干什么，都能散发出迷人气质和魅力。

· 气质女人修炼法则

男人眼里：感性是女人最"性感"的个性。女人，如果遇到了一个中意的男人，别忘了性感一点，外加，感性一点。"不必做漂亮的女人，不必做高雅的女人，但一定要做个有女人味的女人！"

一个缺乏"感性"的女人，是如何都与气质搭不上边的。总有些女人说："我外表理性，内心感性。"于是，她们一日复一日地不受异性的垂青。因为，男人喜欢感性的女人。一个女人，外表成熟但内心柔软感性，不是好事。男人通常没长出一双慧眼，光看外表，就让他们打退堂鼓了。

13. 巧妙"发酵"你最受欢迎的"女人味"

☆ 年轻女人，都不希望自己看起来像个"母亲"。但男人，却一生都致力于在女人身上寻找一份"母性情怀"。

☆ 对于女人来说，那种天然的温暖母性气质，是最令人有归属感的特质。那些为了迎合"男女同等"而一味彪悍、作风硬派的"女汉子"们，她们实在是绕了远路了。

☆ 一百种心思智力往往都比不过一个女人温和甜美的声音。后者，往往更让人莫名地信赖。而信赖，则是赢得他人心动和喜欢的首要素质。

不可否认，"女人味"是女人最极致的吸引力，是提升女性神韵和气质的源泉。可以说，一个女人，相貌、智慧、才学都是次要的，第一重要的就是要有"女人味"，它是女人在婚恋场和交际场成功的根本要素。女人要提升魅力，修炼气质，一定要懂得巧妙地发酵和酝酿独属于自己的"女人味"。

什么是女人味？朱自清先生有过这样一段对女人的描述：女人有她温柔的空气，如听箫声，如嗅玫瑰，如水似蜜，如烟似雾，笼罩着我们。她的一举步，一伸腰，一掠发，一转眼，都如蜜在流，水在荡……女人的微笑是半开的花朵，里面流溢着诗与画，还有无声的音乐。可见，所谓的"女人味"是指女人"静若清池，动如涟漪"的一种美好姿态。但对于女人来说，如何才能让自己的"女人味"慢慢地像酿酒般在体内慢慢发酵呢？

要知道，女性的美好，关键就在于这个"性"字。"性"即为母性，母性就是慈爱和善良，所以说，要拥有女人味，一定要先学会善良，它是女人最美好的生命姿态，它能让女人发酵出最醇厚、迷人的气韵。有了善良做"原料"，女人在生活中只需适时地展露一些小小的动作，便能让女人味像酒香一样挥发。比如，一个感性的姿态，一个充满羞涩的眼神，一个充满爱意的抚摸，一句暖心的关怀，可爱的率真，一次坦诚的交流，真情的流露，一滴委屈的眼泪，一个恰到好处的撒娇，一次识时务的"刁蛮"，一次温柔的低头认错……都可以让你焕发出迷人的气质和强大的吸引力。

民国第一才女林徽因，便是一个"女人味"浓郁的女人。她内心善良，对周围的每个朋友都给予热心的关怀和帮助。她能让当时三个优秀的男子梁思成、金岳霖和徐志摩宠爱一生，除了她的容貌和才华外，无不与她时不时地施展自己的"女人味"有着极大的关系。

金岳霖曾赋予她"林下美人"的称号，可她却并不当回事，并以娇嗔的口吻说："真讨厌！什么美人不美人的，好像一个女人就没有什么事可做，只配做摆设似的！我还有好多事儿要做呢！"可以想象，那一娇嗔的回答，充满了女人味。

她在香山养病期间，曾抚一卷诗书，一炷香，一袭白色睡袍，在夜晚，在屋前的靠椅上，沐浴着清凉的月色，很是小资、俏皮地对梁思成感慨道：看到她这样的美女，"任何一个男人进来都会晕倒"。她其实是在用展露美丽来向丈夫撒娇，这时候的林徽因女人味尽现，哪个男人能拒绝这样的女人，想让人不疼爱都难。

身为母亲，她有着极为慈爱的一面，友人曾描述这样一个情景："一会儿，林徽因出现了，坐在头排中间，和她一道进来的还有梁思成和金岳霖。开演前，梁从诫过来了，为了避免挡住后面观众的视线，他单膝脆在妈妈面前，低声和妈妈说话。林徽因伸出一只纤柔的手，亲热地抚摸了爱子的头。林徽因的一举一动都充满了美感。"可以想象，此时的充满慈爱的她一定美得像一尊女神。

一个内心装着"善良"的女人，只需轻轻一个小动作，便能洋溢起十足的"女人味"。也就是说，"善良"是发酵女人味最基本的"原料"，只要有了它，女人便可以将感性、母性、娇性、媚性、嗔性等女人独有的特质演绎得淋漓尽致。

可以说，善良是最受欢迎的"女人味"，也是一种温暖的"光辉"，是一种绵延在女人一生曲折回环之间的天性，它能使女人柔和、美好地看待事物。其目光所及处，就像一台过滤机，在种种复杂的人性中，抽取美好、婉转的。它能使女人对爱情，对人间，都怀有一种大悲悯，正是这种悲悯，让女人获得了迷人的气韵。

• 气质女人修炼法则

善良的女人，即便是其五官不精致，身材欠婀娜，但她洋溢着的善良与爱心的精神气质，却给人一种精神上的美感和情感上的抚慰。因为人都是有思想的，需要的是鲜活生动的，感情上的相互交融与关爱。所以，做女人，一定要学会善良，它是提升你个人魅力和气质的法宝。

14. 绽露"性感"，真正的女性之美

☆ 性感不是肉感，它不在于你肢体暴露的多少，性感是一种文化沉淀出来的气质，让人回味，让人欣赏。

☆ 苏芩说："一个女人被夸赞漂亮是寻常，一个女人被夸赞性感是荣誉。漂亮女人总是敌不过性感女人。"

☆ 关于性感，中国首席名模姜培琳曾说过这样一句话："性感应该是一个人做肢体和情绪的表达时所散发出来的魅力，不是外观化、表面化的东西，更不是夏天暴露一点就性感了。在我看来，性感往往是通过一些不经意的动作或表情透露出来的，而性感的女人应该是优雅的、随意的。性感的男人则必须是健康、幽默和干净的。"

女性的美貌和优美的体态固然令人倾倒，但是性感却是撩人心欲的感觉，是一种使人神魂颠倒的独特魅力。性感的女人是最具"女人味"的，令人倾倒，就是连战无不胜的"金刚"也会难以抵挡住那种致命的诱惑力，甘拜下风。性感的女人走在人群中，她会极为自信，因为她知道自己身上散发出来的都是迷人的气质，它能轻而易举地激起人们强烈的爱慕和追求的欲念，令人欲罢不能，穷追不舍。

美国时尚杂志《Maxim》评选的"2009 年度世界上最性感的女人"，美国著名的电影演员奥利维亚·维尔德受到了众多男士时尚杂志的热捧，就连梅根·福克斯都毫不吝啬自己对奥利维亚·维尔德的"爱"，她说："如果是我，我也会选奥利维亚·维尔德。她实在太性感了，让我想赤手掐死一只山羊。"《纽约观察家》也给予这样的评论：奥利维亚·维尔德有着"低沉的嗓音"和"往昔岁月女星那般迷人的绿色眼眸"，这样的性感女神有着致命的诱惑力。

每个女人都是爱美的，尤其是渴望寻求一种带有超凡魅力的女性美，来展示自己最受欢迎的一面。而性感，正是造物主赋予女人的最佳韵律，与男人的阳刚之气形成鲜明的对比，构成一道靓丽的风景。男人对于性感的喜好，更多的源于对这种气质的偏爱，因为它就像嗅花之前的叹息，又似沐浴之中的迷雾，还像是转身之后的袖风，抑或是眼神之外的一瞥……这种勾魂摄魄的吸引力，如何不令人惊叹、疯狂、汹涌澎湃、心潮起伏呢？

不少女人认为性感就是要有魔鬼般的傲人身材，而且露的尺度越大就越性感。就像朱德庸《涩女郎》中的那句经典语句一样："女人只有把自己蜷成 S 形，男人才会呈直线形地向你奔过来。"不可否认，姣好的身材是女人展现性感的主要方式，但不是全部。同时，也并不是说，你身上的衣服穿得越少就越是性感，那是一种最低俗的性感。性感该是一个人做肢体和情绪的表达所散发出来的魅力，任何一个女人都可以把自己变得很性感，张扬自己的吸引力。

雅姿既没有高挑迷人的模特身高，也没有让男人们一见倾心的娇容，甚至走在人群中都极不显眼。有一次，她去朋友开的健身房做代课老师，学员们刚见到她时有些失望，尤其里面的男学员，抱怨怎么找来这么一个无姿色、无个性的健身教练。

但是，半个小时后，这些男学员们便改变了先前的看法，一个个都紧盯着雅姿看。

一个男学员便低声嘀咕道："没看出来，这个老师运动起来真是性感啊。"

"没错，"另一位男学员也走了过来，"你们看她的紧身背心浸着汗贴在身上，扭动的腰肢被汗水浸出一条凹凸有致的线条，凌乱的头发随意地落在时间，脖子后边的汗珠顺着她拉伸的背部线条滑落，我觉得她全身都散发着诱惑力的光芒。"

其他的女学员听到男学员对雅姿的评价，非但没有嫉妒和不屑地表示反对，反而纷纷表示赞同，认为这个健身代课老师那充满激情的肢体语言，还有她专注而陶醉的神情，非常有女人味和性感，让人着迷。

雅姿并没有刻意地搔首弄姿，或者衣着暴露，而是用自己充满魅力的肢体语言展示给学员们她最性感的一面，迷人的气质。由此可见，性感不是拥有魔鬼身材女人的专属魅力，性感也不表现在服饰的藏与露上。

事实上，一个女人的身材、外貌、衣着、声音、气质、举止、性情、文化、修养、品位等都是构成性感的条件，而最高层次的性感，就是在此基础上从女人骨子里随意散发出来的那种"撩人于无形"的姿态，进而展现出无与伦比的美的气质。

所以说，性感是完全可以靠后天修炼得来的。要想令男人有无穷尽的遐想和向往，成为情场上的气质女王，你就要把自己打造成一个风情万种的女人，将自己的性感发挥到极致，呈现出强烈吸引别人的个人魅力。这一点对谁都适用。

• 气质女人修炼法则

女人修炼性感的几个要领：

•眼神：有神有韵，充满流盼，春色荡漾，但又带一点点女人的矜持，绝不狂野，也不让人感到妖冶。读得出明媚，却不滞涩，适度缠绵又不会使人腻恶，这样的眼波便是性感的发源地。

•举止：在各式身体语言中，不经意的自我触摸是最让人销魂的小动作。如不经意地咬手指、托腮、把头发潇洒地向后拨、双手轻轻地捧着脸庞、无奈时耸耸肩膀、交叉双手轻抚着肩头或后颈等都是些性感的小动作。

15. 含"娇"带"羞"的女人最迷人

☆ 徐志摩说："最是那一低头的温柔，像一朵水莲花不胜凉风的娇羞。"

☆ 羞涩女人与陌生人相见时目光羞怯，红晕飞扬在双颊，微微低下头，声音轻柔曼妙，像清晨露珠中含苞欲放的花儿那般娇羞美好，让人忍不住地驻足欣赏。

☆ 羞涩，使女人的冰清玉洁，别有一番韵味；羞涩，使女人的美蕴藏着妩媚和柔情，楚楚动人。

☆ 诗人泰戈尔说：美的东西都是有色彩的。羞涩来自害羞，是最天然、最纯真的感情现象，是一种特有的魅力，是女人的美德之一。

含"娇"带"羞"的女人是最迷人和最具有吸引力的。可以想象，一个女人露出娇态，脸上泛起红晕，并用羞涩的眼神对男人轻轻一瞥的妩媚，充满了迷人的气质和女人味，只会让人欲罢不能。

在电视剧《父母爱情》中有这样的镜头，令人回味无穷：梳着长辫子的安杰听见哥哥和嫂子议论自己的婚事，平日里泼辣蛮横的她只是用手绞着辫子，眼珠子叽里咕噜一阵转，一抹红晕迅速窜上脸庞：或是娇羞地低下头，或是缄默不语，或佯声嬉笑加以掩饰。有时候就干脆捂脸转身，挥着小粉拳头一路小跑开溜。那种娇滴滴的羞涩模样既憨又可爱，充满了迷人的魅力。江德福看到她满面娇羞的样子，就如看到一朵惹人怜爱的花朵一般，立刻就被她的美丽挠得心里直痒痒，可是真去摘又舍不得，转身要走又牵挂，只好呆呆地站在那里守护，并下定决心，不惜克服一切困难也要娶她回家。

由此可见，含"娇"带"羞"的女人是最美丽的，她们在一颦一笑间都洋溢着浓郁的女人味，充满着迷人的气质，惹人心生爱怜，想不喜

欢都难。羞涩像她们眼睛中一闪而过的灵兔，在女人娇羞地低下头去的瞬间猝然而至，是女人本质中的本质，美中之美。

娇羞为女性的神秘和朦胧披上了一层迷人、美妙的面纱，给人一种雾里看花，只想一睹庐山真面目的渴望，是人人都渴望欣赏的一份纯洁和美丽。从古至今，有诸多伟大的诗人墨客赞誉过女人的娇羞，最贴切的当是唯美主义大师徐志摩的"最是那一低头的温柔"，打动过多少人的心，曾让多少人沉醉和遐想。

娇羞是女人本性所散发出来的最自然的美丽，这种美丽唯有身心无比纯洁的女人才会有。动人的表情，迷人的色彩，文雅的举止，朦胧的神韵，温柔的慰藉，使女性的娇羞中具有强烈的神奇魅力和吸引力，让女人散发出独特的气质美。若一个女人眉目口齿，样样入画，却失去了娇羞之美，便如花儿缺少香味，总能让人感到缺憾。"犹抱琵琶半遮面"，欲说还休，"插柳不让春知道"的神韵尤能刺激人的丰富想象力。娇美而含羞，两相映照，互发光辉，更增加了女性的迷离朦胧。这是一种含蓄的美，是一种让女人充满无限韵味的美，也是女人身上所不可或缺的美。

或许是现代女性的脸涂抹的胭脂过厚了的缘故，如今会红脸的女人太少见了。羞涩的女人成了最紧缺的"货物"，她们成天想着如何才能奔放，整天想着如何才能更强烈地表达感情。你看那大街上，女性穿吊带装，裸肩露背，她说，那是青春水嫩；挂中式肚兜，惊现肚脐眼儿，她说，那是奔放热辣。有的女人把宝贵的羞涩丢弃了。追求时尚的女人，你知道吗，羞涩是女人们表达自我的纯真美丽，是女人们独具特色的优秀气质，是女人们灵魂深处的美，是女人一种最迷人的气质！总之，羞涩是女人最天然的本色，是动人的内涵，最完美的语言，最能让人折服的气质！

• **气质女人修炼法则**

　　许多女人，在生完小孩后，就忽略了羞涩，在丈夫面前毫无掩饰，其结果就是让他一览无遗，索然无味。为此，女人为了丰富夫妻生活的情趣，请给爱人留一些回旋的余地，在生活中要适时地展露"羞涩"，千万不要把自己神秘的面纱破坏殆尽，而应借助羞涩的魅力来激发丈夫的爱恋之情，使夫妻之情常爱常新。

16. 女人的温柔有"磁铁"般的吸引力

　　☆ 女人的温柔是一只纤纤细手，知冷知热、知轻知重。只这么一抚，受伤的灵魂就愈合了，昏睡的青春就醒来了，痛苦的呻吟就变成了甜蜜的鼾声了。

　　☆ 著名武侠小说家古龙说："女人的了解和温柔，对于男人来说，有时远比利剑更有效。"

　　☆ 对于一个男人来讲，什么都能承受，什么都能够抗拒，但是最经受不住女人的折腾和抵挡不住女人的温柔。

　　温柔，是提升女人气质不可或缺的一种重要品性。一个女人，可以不漂亮，可以不年轻，可以没有辉煌的事业，但必须要有如水般的温柔。女人的温柔是一块磁石，那是一种致命的吸引力，只要你走近她，就会不知不觉地被其吸引，想躲也躲不开。

　　现代社会，越来越多的女强人，以一种刚强拼杀的气质，在事业上成绩显著，叱咤风云。但是这些女人却失去了男人的关注和对他们的吸引力，在男人的心中，这样的女人太可怕，她们经常将男人视为自己的下属，以命令的口吻指挥着男人，让自己变成了"女王"，而男人却成为了唯命是从的"侍卫"。面对这样的女人，男人只能将婚姻视为爱情

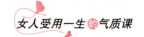

的坟墓，女人因为缺少温柔，也很容易断送自己的家庭。

作为一个女人，美丽的容颜固然是重要的，但是真正不可或缺的却是她们的温柔。因为温柔是女人与生俱来制服男人的法宝，温柔能够让女人更具"女人味"，温柔也能够让女人更加的有气质。对于那种狂风暴雨似的女人，她们只能一时间带给男人新鲜感，女人的温柔才是长久的受宠秘籍。生活中的女强人是女人的偶像，但是却不是男人的所爱。以柔克刚就是用女人的温柔去征服男人的刚硬。温柔可以带给男人所需的温情，同样可以帮助男人抚平伤口。

《源氏物语》讲的就是一个天朝皇宫里的故事。当时的天朝，后宫妃嫔甚多，更衣桐壶，出身虽然不高贵，却蒙皇上特别的宠爱，就是因为她有着别的妃嫔所没有的温柔。她在皇帝面前，总是柔声细语，皇帝无论遇到了什么困难，她都能仔细地聆听，并给予劝慰和安抚，只要与她在一起，皇上就会有一种如沐春风的感觉。而这是宫中其他一向自命不凡、趾高气扬的妃嫔所没有的特质。于是，皇上更是时时都离不开桐壶，甚至在她死后仍对其念念不忘，成为他终生的至爱。

"温柔"两字，从来都与关心、同情、体贴、宽容、细语柔声联系着，它有一种无形的力量，能将一切的愤怒、误解、仇恨、冤屈、报复消于无形，可以说，温柔的女人是男人心灵的归宿和温暖的港湾。在温柔面前，那些吵闹吼叫、斤斤计较、强词夺理、趾高气扬、得理不饶人，都显得太过可笑和可怜。

其实，一个女人让人心动的不是她拿下了多么惊人的业绩，更不是她有如何倾国倾城的容貌，而是女人那种事事适当的悉心关怀和体贴。当你吃东西弄脏了手，她将备好的纸巾递上；当你下班累得精神恍惚，她端来一杯水，这种种的温柔都体现了女人温柔的魅力，而这些也正是男人无法抗拒的。以柔克刚是一种至高无上的境界，懂得运用温柔的女人是可爱的，这样的女人是男人的心头肉。女人身上最令男人心动的莫过于那一抹似水柔情，有了这点温柔，你就可以轻易地俘虏男人的心。

• 气质女人修炼法则

当一个女人缺少温柔的时候，不仅仅会破坏掉自己的气质，同时也迫使男人出去寻找温柔的女人。

女人的温柔就像酒，男人闻一下就会醉。

温柔的女人像绵绵细雨般润物无声，给人一种温馨之感，令人心旷神怡，回味无穷。

17. "油烟味"也是一种性感的"女人味"

☆ 油烟味也是女人味中的一部分。身上只有香水味，男人说："那是没有深度的女人。"身上只有发香味，男人说："那是没有魅力的女人。"而身上带有稍许油烟味的女人，男人就会说："那是个值得娶回家的女人！"

☆ 苏芩说："有一个美女老婆是男人的乐事，一个美女老婆能从厨房中端出精致佳肴则是男人的福分，前者能让男人乐上几年，后者能让男人乐上一世。不论时代怎么变，一个只会白水煮白菜的女人很难成为婚姻中的抢手货，结婚之后，你会发现这日子的难过。"

多数人都认为，所谓的"女人味"是指女人的温柔似水、风情万种、优雅得体、宽容大度……拥有这些特点的女人，当然是完美无缺的。但是，身上带有一些"油烟味"的女人，也是有韵味的，也能让女人散发出迷人的气质来。

现代的职业女性在工作中巾帼不让须眉，在职场上拼杀使女人变得干练成熟，回到家便翘起二郎腿，什么也不做，这样的女人因为心态上太过高傲而失去了其独有的"女人味"，很不招男人喜欢。而相反，一个在工作中叱咤风云，但回到家后，还能在适当的时候系上围裙在厨房

里忙碌，煲得一手好汤，烧得一手好菜的女人，在男人的眼中一定是温柔贤惠而充满吸引力的。

视文字如生命的女人张爱玲，为了自己心爱的男人，竟也时常挎着菜篮子像市民一般到街上买菜，像主妇一般学着在厨房做起饭菜。她偶尔沾染的"油烟味"，让胡兰成顿时觉得她充满了迷人的魅力。由此可见，对女人来说，食人间烟火也是一道美丽的风景。女人如能偶尔沾点"油烟味"，会使其气质和魅力在瞬间大增。

刘雷是个事业有成的男人，但还未娶妻。最近，他同时喜欢上了两个女性，张晓和万澜。张晓是个长相普通，家境不好的女孩，而万澜却是个千金小姐，有些姿色。在刘雷眼中，她们都是很优秀的女子，一时也不知道如何选择。

有一次，他带几个朋友到张晓那里玩，她住的地方有些简陋。快到中午饭点时，刘雷说要请张晓出去吃西餐，而张晓笑着说，今天你第一次上门，作为贵客，我该做东才是。于是，二话没说，便独自下厨房，系上围裙开始忙起来了。

看着厨房中忙碌着的张晓，刘雷感觉她浑身上下都充满了女人味，而这是万澜身上所缺乏的。也就是在那一瞬间，他便下了决心，选择张晓做自己的终身伴侣。促使他下这个决心的理由很简单，张晓虽然穿戴朴素，相貌平平，但却是个懂生活的女人，这也让他相信：将来自己无论遇到什么困难，她一定会与他同甘共苦。

由此可见，厨房中的女人，忙碌着的背影真的可以瞬间提升自我气质和魅力。要知道，身为男人，最渴望的是拥有着母爱般女人，而厨房中的女人则是让男人感觉到自己是被人关切和体贴着的，那种温暖真的可以在瞬间打动他的心。所以，"油烟味"是一种极为性感的"女人味"。

其实，关于此，苏芩也有类似的观点，她说，烧饭做菜是女性文化中很特别的一个内容点，当然，很多人不把这个看成是"文化"，而认为是最俗、最寻常的生活部分。其实不然，厨艺历来被男人上升到对女性评价的最高的高度之一，"出得厅堂，下得厨房"是男人选妻的终极理想，不单是填满了肚子，更是填满了男性自尊。

生活中，常听女人这样抱怨："婚姻一点也不美好，原来不可以天天下馆子！"男人也抱怨："老婆身上除了脂粉味就是香水味，就是没有一点女人味！"不要觉得男人俗，男人在乎的不是你的厨艺有多高超，烹出的饭菜有多好吃，他们渴望的不过是女人那种带有母爱性质的关怀与体贴。

• 气质女人修炼法则

　　男人是家里的顶梁柱，当他工作一天疲惫地回到家中，如果能看到自己的女人为自己亲手准备一桌丰盛的饭菜，他的心中一定充满了兴奋。你的这些行为，会让他觉得自己这辈子都离不开你了。因此，女人在适当的时候就该下厨房，适当地沾些"油烟味"，那也是让自己变得性感、迷人，提升自我气质的一种绝佳法宝。

18. 不做"庸俗女"，要做"通俗女"

☆ 即便对方是老客户或老板，一个气质温和笑容恬淡的"通俗女"职员，也总能先一步软化他们的心理关口。这是女性优势的一种体现。

☆ 在电视里，那些情感类的节目主持，一定拥有一个温和大方、亲和力强的"通俗女"。面对她，节目的参与者都会最大限度地放松警惕，敞开心扉。

☆ 有人说，"庸俗女"仅爱自己，而"通俗女"有颗爱世界的心，她们能将"雅"与"俗"如奶油和面团一样揉得均匀，等你看时，就是一盘香喷喷人人争抢的糕点了！其实，通俗是一种迷人的气质，不需要立太多的规矩，随心，随性，面对周围善意的眼神，她一脸的灿烂，抱以诚心的微笑。

　　真正有魅力的气质女人，都是脱了"庸俗"的气质，并能适时适地地以乐观的心态与和蔼的面容愿意主动向周围人示好的"通俗"女人。

　　在交际场上，人人都喜欢对人和颜悦色，有修养有内涵，言谈举止得体的"通俗女"，而排斥肤浅，没内涵，注重物质，爱说闲话，言谈举止毫无修养的"庸俗女"。

　　在魅力场上，但凡女性，都喜欢做人见人爱，暖心暖胃的"通俗女"，而不喜欢做斤斤计较，衣衫不整，爱说闲话且受人排斥和挤兑的"庸俗女"。

　　"庸俗女"和"通俗女"，都带一点"俗"气。前者的"俗"是一种惹人生厌的肤浅，她们是朋友眼中的"拜金女"，是老公眼中邋遢的"怨妇"，是同事眼中的"独行侠"，是让人不寒而栗的"冰美人"。后者的"俗"是一种家常味道——暖心，暖胃。她们是街坊大妈口中的"好闺女"，是邻家妹妹眼里的"好姐姐"，也是同行们喜欢共事的"好搭档"，是人人乐于交往的热心肠"好姐们儿"。

　　为此，做有气质的女人，就该拒做"庸俗女"，而是要做"通俗女"。

　　《北京爱情故事》中，杨紫曦便是十足的"庸俗女"，她为了享受物质，不惜牺牲自己的真爱，与同事也不怎么合群，是个十足的"冰美人"，最终在都市中迷失了自己，也付出了极为惨重的代价。

　　相反，林夏却是个热心十足的"通俗女"。她是街坊邻居眼里的"好闺女"，是妈妈眼中的"好女儿"，是同性朋友眼中的"好姐妹"，是异性朋友眼中的"好哥们儿"，是男人眼中知冷知热，温柔体贴的"好媳妇"，是同事眼中善于交流和沟通的"好员工"，在任何时候，她都能遵从内心的真实感觉，坚持自己的爱情原则，从容淡定地活自己。不矫揉也不造作，拥有十分好的人缘，这样的女人，终究会有个不凡的未来。

可以说，"通俗女"是十足的气质女人，她们身上总有一种亲和力，能将人与人之间的隔膜消于无形，拉近心与心之间的距离，从而赢得众人的认可。她们在与人交往中总会以友善的口吻，脸上也总是挂着不逝的微笑，能让人在瞬间产生好感。

要知道，亲和力是女人最富有人情味的气质，它是人与人之间的黏合剂。如果我们要将与他人沟通交流中要说的话比作佳肴的话，那么，盛佳肴的餐具便是亲和力。可以想象，如果这器具总是脏兮兮的令人生厌，那么谁还会在乎其中的佳肴味道如何呢？

为此，要做有气质的魅力女人，就要勇于脱去自己身上的"庸俗"气质，拔掉自己身上的"刺"，提升你的内涵，展露你的微笑，散发你的亲和力去感染他人，融入人群，做一个人见人爱的"通俗女"。

"通俗女"最大的能耐就是能将"雅"与"俗"如奶油和面团一样揉得均匀，她们没有"雅"得那么高不可攀，也没有"俗"得惹人生厌。她们了解人性，透悟人情，能较好地融入人群，并与其他人融洽地合作共事，这样的女人是最有魅力的。

> **· 气质女人修炼法则**
>
> "通俗女"会恰到好处地在社交场合展示自信，但她们的自信却是脚踏实地的，不过度地标榜自我魅力，迷恋自己，为此，她们才极容易被人所接纳。
>
> 在社交场上，"通俗女"从不过分地展示自我魅力，而是会努力让别人感到她们有魅力。她们善于用"亲和力"向他人表达自己的友善，从而很容易便能获得良好的人缘。

19. 韵味女人会把生活的"营养"融进血液

☆ *丑陋，是内心长出的戾气。当一个人拥有了优雅华丽的内心，不论五官如何，都会美得迷人。真正的美丽，是一种由内而外的气场。*

☆ *苏芩说："女人 30 岁之前的漂亮不是真正的漂亮。长在皮肤上的鲜艳，衰败得最快。真正气定神闲的美，30 岁后才发力。把生活的营养融进血液里，这样的女人才经老。"*

☆ *只有懂得生活的艺术，并善于用艺术来妆点生活的女人，才能将苦当成生命的另一种精彩体验。同时，亦能够坚持创造天赋和用坚毅乐观的态度，认真对待生活，并以此感染周围的人。*

一个有气质的韵味女人，是懂得生活情趣的，她们不仅懂得生活而且还是会生活的人。这样的女人深谙生活的艺术，并且还喜欢从平淡的生活中撷取艺术的灵感，将它们视为生活的"营养"，并将它们慢慢地融进血液，让平凡的日子富有意义和生机。

王筠是个普通的职员，平时喜欢时尚，爱穿与众不同的衣服。她是被别人羡慕的白领，但却很少买高档的时装。她找了一个手艺不错的裁缝，自己到布店买一些不算贵但非常别致的料子，自己设计衣服的样式。在一次清理旧东西时，一床旧的缎子被面引起了她的兴趣——如此光鲜漂亮被面扔了真是可惜，不如将它送到裁缝那里做一件中式的时装。

几天后，衣服做出来了，出乎人的意料，效果出奇地好，因此，她的"中式情结"一发不可收拾：她用小碎花的旧被套做了一件衣领带盘扣的风衣，她买了一块红缎子稍做加工，就让她那件平淡无奇的黑长裙大为出彩。

生活处处有艺术，它是一种"营养"，能让平凡的日子绽放出新的光芒和精彩来。正如卡耐基所说，生活的艺术可以用许多种方法表现出来，没有任何东西可以不屑一顾，没有一件小事可以被忽略。一次家庭聚会，一件普通得再也不能普通的家务都可以为我们的生活带来无穷的乐趣与活力。而有气质的优雅女人，则是懂得汲取这种生活"营养"，并将它融入血液，力求让每个平凡的日子都开出花来。

当然，这样的气质女人并非都是琴棋书画样样精通，但起码能够欣赏。要知道，诗情画意在心中的女人，绝不会是口出粗话的泼妇，历经岁月洗涤，亦不会是蓬头垢面的黄脸婆。随着岁月的流逝，她们能时时地用生命的激情不断地创造惊喜，这样的女人永远处于思考的状态，因为富有内在情趣和活力，所以，会容颜常驻，美丽不逝，气质高雅。

一个懂得汲取生活"营养"的女人，对生活充满了热爱，这样的女人时时都能从生活中获得乐趣，无论在现实中经历什么艰难困苦，亦都能欣然接受并懂得享受其中，不会抱怨，亦不会叹息。因为懂得创造，因为平淡中有绚烂，所以，她们的生活是鲜活的，生命是富有韵味的。

一位哲人说："真正聪明的女人，其内心深处总有一种根深蒂固的需求，总感到自己是一个发现者、研究者、探索者。"这样的女人，在平淡的生活中仍旧保持创造的激情，在任何情况下都不会丧失对生活的热爱，在任何情况下都会去思考如何才能做得更好，如何让生活更富有乐趣。她们能够在无法改变环境的情况下，最大限度地适应环境，利用环境，使环境着我之色彩，使生活接近于艺术，总能在平淡中创造出奇迹和惊喜来。这样的女人是最有气质的，其一生都是幸福的，快乐的，亦是永远年轻、充满魅力和活力的。

· 气质女人修炼法则

亨利·梭罗说，我们来到这个世界上，就有理由享受生活的乐趣。当然，享受生活并不需要太多的物质支持，因为无论是穷人还是富人，他们在对幸福的感受方面并没有大的区别，我们可以通过摄影、收藏，从事业余爱好等途径培养生活情趣。

在生活中，当浪漫的心情冷却，当爱情的激情逐渐褪去，当柴米油盐酱醋茶的生活琐事将爱情的美好无情地夺去，生活变得平淡如水的时候，我们时常会感到婚姻的乏味、枯燥。这个时候，就需要懂得挥洒自我情怀，懂得用自己的情趣艺术地创造生活，这样可以为自我生活增添情趣，可以让自己时时充满惊喜，让每一天都绚烂多姿，鲜活如初。

 ## 20. 做一朵含笑的"解语花"

☆ 古希腊哲学家德谟克利特说："只愿说而不愿听，是贪婪的一种形式。"认真倾听别人的倾诉，虽是细枝末节，但却体现了你谦逊的教养，能展现你的素质。

☆ 倾听就像海绵一样，汲取别人的经验与教训，使你在人生道路上少走曲折的弯路，经过你有目标的艰苦奋斗，使你能顺利地到达理想目的地。

有人说，倾听是一种无言的赞美，是最舒心的恭维。的确如此，如果说女人是花，那么善于倾听的女人就是一朵"解语花"。可以想象，一个面带微笑，用专注的眼神看着你的眼睛，仔细聆听你的女人，怎么会没有气质呢？可以说，懂得倾听的女人，不是"香语出慧心"却是他人舒展腰身，回归休憩的芳草地。这样的女人，是充满魅力的。

随着社会的发展，生活中的每个人都有很大的压力，每个人都渴望被倾听。但是当一方侃侃而谈的时候，每个人都希望另一方也在专心致志地聆听。能够认真地倾听他人的倾诉，不仅仅是与人交往中的礼貌行为，更是为自己建立良好形象的最简单的方法。在你言我语的谈话中，谁才是最优雅的那一位？是抿着嘴仔细听的那一个。你可以试想一个场景，当一个喋喋不休的女人和另一个认真倾听的女人同时站在你面前的时候，你觉得谁更有气场呢？有气质和涵养的女人通常非常善于聆听别人的倾诉，并能适时地发表自己的看法和见解。

喜欢喋喋不休的女人，即便是长相甜美，举止优雅，也绝不会成为一个受欢迎的人。因为有气质的女人不一定非要是"语不惊人死不休"的，而是一个眼神、一个姿势，哪怕仅仅只有几句话都是倾心之举。

小斌请了一群朋友到自己家开个朋友小聚会，让彼此认识的朋友都能够互相交流并成为好友。小斌的朋友中有刘寒夫妇，还有一位可雅小姐，另两位是张爽和李耀。几个人共同坐在餐桌前，小斌互相介绍大家认识，然后大家就开始讲话。

可雅小姐总是在大家开始讲话时就接过话题，喋喋不休地道出一段毫不相干的故事，礼貌的客人们只好耐心地听她无穷无尽的乏味话题。可雅小姐长相甜美，身材高挑，是难得的美人。只是在此次宴会上表现得如此健谈，似乎并没有小斌预想的那样受欢迎。

善于平和局面的小斌不时地岔开话题，以便于其他的朋友都能够有讲话的机会，小斌问刘寒夫妇："你们什么时候打算要个孩子啊？"话音刚落，刘寒夫妇还没有接过话题，可雅小姐立即说："这年头养孩子可不容易啊，处处都要花钱。"然后开始从孩子出生一直到上学等一路的花销就开始计算不停。

小斌立马又转移话题，对张爽说："你有男朋友了吗？"张爽微笑着点点头说："嗯，三个月前刚刚认识的。"可雅听到他们说话，立马抢过话题说："男人，没几个好东西，单身有什么不好呢？"听到她的话，在场的男士都觉得十分的尴尬。但是可雅似乎没有要停止的意思，反而是不断地说一些男女交往中遇到的问题。

　　小斌无奈，只能是问问李耀："你妈妈的糖尿病怎么样了，找到好办法治病了吗？"李耀苦恼地刚要开口，可雅就接过话题说："糖尿病不好治啊，还要忌口，很多东西都不能吃的。"然后开始叙述一些食物是否含有糖分。

　　接下来的场面完全失去了控制，小斌这个主人也完全没有插话的机会。大家的脸色都极为难看，事后，小斌说："我非常抱歉，今天晚上的谈话失去了控制。"刘寒夫妇说："可雅真是一个让人难以忘却的女人。"此后，可雅小姐再也没有出现在小斌的朋友聚会中。

　　在我们的身边，有很多像可雅小姐一样的女人，总是热衷于"抒发"自己，不在乎别人耳朵的承受力。这种人就好像是舞台上的独角戏演员，把每个人都当成是热衷于自己冗长故事的听众。其实，一个有气质的女人应该是善于倾听，并懂得贴心安慰的女人。对于那些喜欢喋喋不休，并自顾自地表达的女人，很难让人对其产生好感。

　　学会倾听远比说话失去控制要好得多，当对方说出一句话的时候，虽然你的心中存在着异议，一时也拿捏不准，马上表示反对则会表现出你的不稳重。你应该让对方说下去，认真地听着，因为单单是这种倾听的姿态，就让对方感到无比的感动，对方能够感受到这种尊重，这一刻的你，在对方眼里，是美的气质女神。

　　● **气质女人修炼法则**
　　　倾听并非只用耳朵，还应该包括所有的感官。
　　　你的眼神，你的肢体动作，更为关键的是你要用心去听。
　　　智慧气质的女人都擅长做一朵"解语花"，散发自己优雅的魅力。

21. 适时摆出"媚姿"，你会魅力无穷

☆ 即便在工作中，你是个再成功再有魄力的女人，也永远不要忘了在男人面前展露"妩媚"，这是最有力也是最省力的"勾魂法"。

☆ 漂亮的女人不一定能赢得男人的心，但能在适当时候施展"媚"姿的女人却是男人的"克星"。可以说，适当时候的展露自我妩媚是女人最有力量的"武器"，它比"倚天剑"还要锋利，一出手就会击中男人的命门。

生活中，那些在职场中强势，回到家后还能向自己的男人适当展露妩媚的女人是最有智慧，最懂得生活，最有气质的。当然，女人的形体动作姿态是表现妩媚的最佳道具，气质高雅，富有情调的"味道"女人，无论摆出何种姿态，都会让男人心痒难耐。许多女人可能会把"媚姿"理解为裸姿、露姿，其实，一个女人若单靠裸露来施展妩媚，是极为低俗的，这样的女人也是毫无气质可言的。一个真正高雅的女人，则会运用高雅的形体和肢体语言，表现自己的妩媚，以唤起男人的爱怜。

可以想象：女人在无奈和惊叹时的扬眉嘟嘴，不经意间的自我触摸，如花般灿烂的笑靥，天真或者带媚态的眼波，识时务翘嘴巴式的"刁蛮"，沉溺于思考或者想象时忧郁而出神的神态……谁能说这样的女人不可爱呢？其实，女人展露"媚姿"，也是一种示弱的表现，这样懂得生活艺术的"味道"女人，是最有气质的。

张暄和老公结婚已经六年，但两人的感情仍像初恋时候一般甜蜜。闺密问她爱情保鲜的秘诀，张暄却笑着告诉她："女人呐，就该在适当的时候施展点'媚姿'。"原来她让老公一直宠爱的法宝就是撒娇。

有时候，她会像个孩子似的搂着老公的脖子，摇来摇去，嗲嗲地叫

他的名字，任性地拿走男人正在用的东西，并孩子气地嘟着嘴说："陪陪我，跟我玩，好不好？我好无聊哦。"这让一本正经的老公浑身酥软，不但不责怪她，心中反而充满柔情，温柔地摸摸她的头，揉揉她的脸，乐呵呵地说："老婆，你撒娇的样子太可爱了。"

一次同学聚会，老公带了张暄去参加。席间，张暄一会儿说菜咸了，一会儿说吃肥肉会发胖。老公就乖乖地帮着她把肥肉和瘦肉分开，两人卿卿我我，打情骂俏的，看上去着实让人羡慕。回去时，张暄搂着老公的脖子，显得情意绵绵，让许多同学羡慕不已。

同情和关照弱势者，是男人的习惯性思维。从这个角度来说，女人摆出"媚姿"，也是向男人示弱。既然你已经示弱了，那男人不但会原谅你的过失，更会对你疼爱有加，欲罢不能。更何况，女人妩媚也不是什么丢人的事，因为男人需要女人撒娇，需要这份柔情。

可以说，男人在苦闷里，女人的"媚姿"是最好的解药，能够给予他足够的情绪支持和心灵的抚慰，它能瞬间将所有的不快化于无形。所以，要做有韵味的气质女人，一定别忘了在生活中，尤其是在家庭，在自己的男人面前适时地摆出"媚姿"，它体现了女人的柔美和可爱，同时又会让男人觉得自己威武得像一面能挡风的大墙，大大地满足了大男子主义的需要。当然，女人摆弄"媚姿"也需要注意两个方面：

（1）摆弄"媚姿"要讲究时机和场合。妩媚更适合选择在私下，尤其是当对方有点小不爽，或者自己的小要求不能被满足时，适当地摆弄"媚姿"要比强硬地争吵来得更为实用。

（2）"媚姿"要显出你的可爱来，而不是浪荡。眨眼睛，噘嘴巴，假抽泣两声，或者轻跺脚都算是得体的，但是如果动作幅度过大，贴在对方身上，就会显得有些轻浮，反而会让男人觉得咄咄逼人或者矫揉造作了。

· 气质女人修炼法则

恣性开合的嘴：嘴无论大小，但要有风韵。小到费雯丽那样的樱唇一点，纤巧诱人，大到索菲亚·罗兰那样的大嘴，同样性感，关键看你这张嘴能否在恰当的时候进行张合。

施展"媚姿"也包括可以发出甜美的声音，妩媚的女人在说话时会时时注意自己声音的力度、音阶和速度，音调抑扬婉转，语句简洁明白。她像一个调音师，时时精心把握每一个音节而奏出整体优美的音乐。温柔的语言、亲切的态度、婉转的音调、平和的旋律，这些加起来都会使女人变得异常有女人味，而且让其魅力大增。

提升品位，做个仪态万方的"万人迷"

做女人，要拥有时间也打不败的美丽，那就要懂得提升自我品位，这是修炼女人的气质一个极为重要的方面。时间的磨砺，岁月的雕琢，都会让有品位的女人沉淀出一种暗香，安静优雅，温柔妩媚，不张狂，不矫揉造作，拥有一种耐人寻味的吸引力。可以说，拥有了品位，你便是个仪态万方的"万人迷"。有品位的女人是拥有良好品行与过人的智慧的，她们能用心去感悟人生，善于学习，能够时时适应社会。品位使女人变得优秀，温文尔雅，善解人意，心态平衡，底蕴深厚，情感丰富，视野开阔，境界升华，能够很好地适应社会并能和谐地融入社会。

22. 女人追求"精品男"，男人最爱"品位女"

☆人们常说："女人如花。"但是花总有凋谢的一天，如何才能让一朵花看上去永远美丽动人，永远持久弥香，那就要提升花的品位。

☆女人的品位，是时间打不败的"美丽"。作家黄明坚有一句话："女人是一种指标，如果女人都散发出品位，社会自然成为泱泱大国。"

☆有品位的女人给人以一种美的感受，一言一行都十分优雅得体，时间为之增色，岁月为之添香，人生为之恒久弥漫芬芳。而这一切都不是天生的，这需要自己后天的培养和修炼。

在情场上，矜持、被动的女性一旦遇到"精品男"，便会主动出击。但富有内涵、长相帅气、除了有"才"且还有"财"的"精品男"，很是少见。同时，在婚恋场上，男人最喜欢和最愿意娶回家的女人，便是"品位女"，但这样的女人也少有。有品位的女人，穿着得体，而不华贵；肢体优雅，而不低俗；谈吐风雅，而不尖刻；轻妆淡抹，而不妖艳；独立自信，而不独断；内心高贵，却不高傲；温婉体贴，从不卑屈。有品位的女人，其独特的风韵气质和娴熟的处世风格，无论走到哪里都是一道绝美的风景，无论放到哪里，都能像璞玉一般熠熠生辉，吸引他人尤其是异性的眼光。

有人说，女人就像一本书，有的装帧精美，内容却空泛枯燥，翻看后接着就会涌起一阵后悔。而有的翻过几页便觉得索然无味，弃之可惜。很多女人都选择了做这种华而不实的消遣书，结果自然被生活随意而不庄重地消遣掉。还有的书封面朴实无华，内容却充实感人，令人愈看愈陶醉，气质女人便是这类书，固然没有靓丽的容貌，但随着岁月的流逝，她们能散发出令人陶醉的醇香。这个世界上还有一种书，则内容与形式俱佳，掩卷后仍让人荡气回肠，以至倾心珍藏，慢慢欣赏，品位女人则是这样的一本书，她们是气质女人中的精品，是最能令异性心动的。时间的磨砺，岁月的雕琢，会让品位女人沉淀出一种暗香，安静优雅，温柔妩媚，不张狂，不矫揉造作，拥有一种耐人寻味的吸引力。

电视剧《女人帮》中的陈青霞，便是一个品位女人的代表。她聚高贵、优雅、神秘于一体，其精致的妆容，得体的打扮，沉稳的内心，端庄和举止，都能让她成为女人中的女人。她不仅有较高的智商，还有较高的情商，而且懂得吟诗作画，最为重要的是，她还富有爱心和对生活充满热望，并且讲求生活品质，尤其是她端着红酒，在音乐中翩翩起舞的样子，让每个遇见她的男人都心动不已。

在事业方面，她有明确的追求，独自一个人把会所办得有声有色。在感情中，她感性而不缺理智，即便面对令她怦然心动的男人叶平，她也能保持矜持。面对多个男人的追求，她只是平静地接纳，安享其中的美好，淡淡地爱，安然地活，不纠结，不纠缠。

一个有品位的女人，纵使无美丽的容颜与华丽的服饰也能让她彰显出致命的吸引力，周身也会笼罩一层耀眼的光芒，让男人发出"人世间有百媚千红，我独爱那一种"的感叹。

生活中，很多女人为了提升品位，都会穿金戴银，涂脂抹粉，穿名牌，提名包，殊不知，她们的这种往身上囤积"虚荣"的做法，只彰显了自我的俗气。品位并非是物质堆砌出来的结晶。真正有品位的女人，穿着不一定时尚、华贵，而一定是适合自己的；身材也不一定性感，但一定是健康的，长相不一定漂亮，但一定是快乐的、充满活力的。真正有品位的女人，学识不能少，她们最懂得用智慧武装自己的头脑，不一定有多聪明，但一定是有原则的，思路也一定是清晰的，眼光也一定是独到的。

大街上的品位女人，一般穿着都较简洁、随意，却总能彰显自己的风格，很少涂脂抹粉，但却讲求自然状态的自我。她们喜欢读书和写作，没事儿的时候还爱画画，喜欢听音乐。同时，她们喜欢通过逛街来提升自我审美眼光，但逛累了会在咖啡店里小憩片刻，有时候还自己看场电影；她们工作认真，也很惬意，她们被很多人羡慕夸奖，比如：漂亮、可爱、开朗、气质好等，就算没有人夸奖，她们也不会不高兴，认为是别人不懂得欣赏，她们保持着自己的格调，依旧快乐十足。

• 气质女人修炼法则

有品位的女人大都是这样的：永远如微风拂面，永远优雅得体，永远知书达理；说话风趣幽默，从不张扬；与人相处通达和谐，让人对她的态度永远是一种可感可想但不可触的。

有品位的女人，她们独立自主，优雅而坚韧；精明豁达，干练而风情；时而淑女，时而可爱，像城市中的精灵一般。品位女人通常都有这样的观点：女人可以不漂亮，但不能没有味道。职业女人可以利落，但不可粗糙。女人可以母性，不能太婆婆妈妈。她们的口号是"我们要优雅地变老"。这就是品位女人。

23. 书籍是"高级胭脂"，能使女人"容颜永驻"

☆ 一个女人若有"三日不读书面目可憎"的思想高度的话，女人的品位一定能大大提高。

☆ 罗曼·罗兰说："女人多读些书吧，读些好书，知识是唯一的美容佳品，书是女人气质的时装。书会让女人保持永恒的美丽。"

☆ 曾经我并不相信"人生因读书而不输"。后来发现，读书未必会改变命运，却一定可以改变你的气质！曾有人问作家苏芩："什么叫知性？"她答道："知性就是知道很多事情。"这并非是简单的玩笑。自信，来源于"我知道"。书，可以告诉你很多你不知道的事情。从此，你便会从容不拘促、豁达不怯场，这便是气韵。

女人要提升自我气质，除了用名贵的化妆品粉饰外在的美丽外，千万不要忘了另一种"高级胭脂"——书籍，它能彻底改变女人的内在气韵。商场上那些名贵的化妆品可以使女人的美丽保持一时，而书籍则能让女人美丽永驻。

关于女人的化妆，作家林清玄曾有这样的观点：化妆只是最末的一个枝节，它能改变的事实很少。深一层次的化妆是改变体质，让一个人改变生活方式，睡眠充足，注意运动与营养，这样她的皮肤改善，精神充足，比化妆有效得多。再深一层次的化妆是改变气质，多读书，多欣赏艺术，多思考。这样的女人就是不化妆也丑不到哪里去。由此可见，脸蛋的妆容仅能改变女人的容貌，而读书能改变女人的内在气质。"腹有诗书气自华"，说的就是这个意思。有书籍浸染的女人，其性格是温润、雅致的，能使女人的一招一式都透出诱人的气韵，令人回味无穷。

不可否认，书籍是丰富女人大脑，提升女人气质的重要法宝之一。

可以想象，一个外表靓丽，内心荒芜的女人，她对人的吸引不过只停留在一瞬间。而一个爱读书，内心充满智慧，拥有丰富内涵的女子，对于他人的吸引则是永久性的。有句话说，世界有十分美丽，但是如果没有女人，将失掉七分色彩，女人有十分美丽，但远离书籍，将失掉七分内蕴。读书是让女人拥有长久吸引力的不二法宝，读书能从根本上提升女人的内在气质。

来自一个落后小山村里的梅珊，从小就是一个丑小鸭：细黄的头发，黝黑的皮肤，再加上她有些俗气的老家土话，让她整个人看起来俗气不堪，毫无气质。但是，通过几年的努力，她如愿地考上了省城里的一所重点大学。

四年的大学生活，让梅珊很快脱去了乡土的俗气。在学校里，她的打扮依旧朴素，但同学们都说她从内而外透出一种灵气来。和她聊天，便能发现她是一个有智慧的聪明女孩，对人生她有着独到、深刻的见解，对生活的一些事情都看得很开，而且非常了解自己，很明白自己想要什么。

其实，这一切都源于梅珊的爱读书的习惯。她的寝室里总是放着一些能启迪人生智慧的书籍。一旦读到那些能解答心中困惑的句子，她就会用笔将这些句子记下来，反复地品味揣摩，如果觉得有道理，她就会采纳书中的建议。久而久之，梅珊便克服了自己的一些缺点，也变得更加坚定和优秀了。同时，因为爱读书，就连她的普通话也说得流利了起来。随着见识的增长，她也开始变得自信起来，尤其是那昂首挺胸的样子，俨然是一只"白天鹅"。

可见，一个爱读书的女人是有思想有内涵的，这样的女人身上能散发出不同的气质。生活中，不乏像梅珊一样的女人，她们喜欢买书、看书、写作，书是她们经久耐用的时装和化妆品。她们尽管衣着普通、素面朝天，但是走在花团锦簇、浓妆艳抹的女人中间，会格外地引人注目。这就是由内而外散发出来的一种气质和修养，让她们显得韵味十足。

爱读书的女人，无论走到哪里都会成为众人眼中的宠儿。她可能貌不惊人，但却有一种内在的气质：优雅的谈吐超凡脱俗，清丽的仪态无须修饰，那是沉静的凝重，动态的优雅；那是坐的端庄，行的洒脱；那是天然的质朴与含蓄相混合，像水一样柔软，像风一样迷人，像花一样绚丽……

经常读好书的女人，做事能进行深入地思考，明白怎么才能想出办法。她们智商较高，能将无序而纷乱的世界理出头绪，抓住根本和要害，从而明智地提出解决问题的办法来。

爱读书的女人是美丽的，而且美得别致。她们不似鲜艳的玫瑰，不似浓烈的红酒，只像是一杯散发着幽幽香气的淡淡的清茶，即便不施脂粉也显得神采奕奕、风姿绰约、秀色可餐！所以，要想保持恒久的魅力，请选择看书吧，让自己的气质有新陈代谢的机会，保持心境的年轻与外表的光彩，让自己随着岁月的流逝变得更为优雅、睿智！

> **• 气质女人修炼法则**
>
> 读书是女人的立身之本。喜欢读书的女人，学历可能不高，但一定有文化修养。有文化修养的女人大都知书达理，遇事冷静，善解人意。经常读书的人，一眼就能从人群中被分辨出来，在为人处世上也会显得从容、得体。有人描述，经常读书的人不会乱说话，他们每一个结论都是通过合理的推导得出，而不是人云亦云，信口雌黄。

24. "花瓶女人"做不得，"潦草女人"不能做

☆ 杨澜说："作为女人，你必须精致。"

☆ 是谁说"精致女人可以略输文采，不能稍逊风骚"？精致女子是内外兼修的，徒有女人味只能是小女人。

☆ 就算你不喜欢化妆，不愿意打扮，但是你至少应该让自己看上去干净清爽。

如果说那些只注重外表的靓丽，但不懂提升内在，中看不中用的"花瓶女人"是令人不齿的，而那些内在丰富，却不注重修饰外在，邋遢且不修边幅的"潦草女人"则是让人厌恶的。身为女人，你可以不漂亮，可以不修饰，但绝不可以"潦草"。可以想象，一个头发凌乱，身罩一件宽大睡袍，脚上拖着一双"人"字拖，在屋子里随意乱晃的女人，就算她生有闭月羞花之貌，有经天纬地之才，也是毫无气质可言的。一个形象良好，穿着得体，但一张口牙齿便露出菜叶子的女人，除了让人想到"低俗"外，还有什么气质可言呢？要提升自我气质，纵然我们不建议你做头脑空洞，徒有一副漂亮皮囊的"花瓶女"，但我们更反对做邋遢、不修边幅的"潦草女"。

古代哲人穆格发说："良好的形象是美丽生活的代言人，是我们走向更高阶梯的扶手，是进入爱的神圣殿堂的敲门砖。"品位女人靳羽西认为对于一个女人来说，"你的形象价值百万！"可见，良好的外在形象是女性通往气质殿堂的必要条件。然而，现在的女人，大都厌恶那些繁文缛节，出门前总会随手抓起一件衣服便"潦草"了事，也不清楚自己是否蓬头垢面，最终只会彻底毁了自己在他人心目中的形象，甚至影响到你的事业与前程。

一位高级主管说起她的同事杨欣：她啊，工作能力极强，与同事相处也融洽，唯一美中不足的是，她的外表实在有点邋遢。纵然她不喜欢化妆，但却对她的不修边幅也毫不放在心上。她的做法，有时候令她也搞不明白，自己工作努力且能力强，人缘又不错，但升迁为何总轮不到自己。

这位主管说："其实，旁观者都看得出来，这是因为她的外表实在是很吃亏，而不是工作能力的问题，可是谁又能开口告诉她呢？每每遇到重要的事情欲让她接洽，却总会担心客户以貌取人，认为这是一家不注意形象、不专业、不敬业的公司，毕竟公司要注意自身的形象。"

有人说："形象是一个人的招牌，坏形象会毁掉我们的一生，而好形象则会令你的影响力大增。"生活中，像杨欣那样只追求成功，注重提升自我能力的女人有很多，但因为太不顾及自我形象，让事业屡屡挫败。一个女人，无论从事什么样的职业，无论职位有多低，如果你能静下心来，认真地妆扮自己，让自己形象可人，也就好比给自己的人生打造了一块金字招牌，能够让你在风高浪险的生命历程中经营人生，从容地成就人生。

形象"潦草"的女人也很难得到男士的青睐。可以想象，如果你对自己都是马马虎虎，又怎么去要求别人对你认真呢？所以，女人切不可活得太过"潦草"，至少要让自己看起来干净清爽，否则，现实就会还你一个"潦草"的人生。

我们是否注意到，大街上，一些女人，即使她们穿的是普通休闲装，也能搭配得非常得体，让人看起来很舒服。她们的优雅与自信能感染她们身边的每一个人，人们能从她们身上感到一种来自心灵深处的笃定与成熟，不知不觉中就会被她们所吸引。这种气质是无形的，却能让你真切地感受到它的存在。

要知道，你的气质不是一天两天就能塑造出来的，它有可能会伴随

你的一生。它能让一个不再年轻的女人仍然散发出迷人的魅力。就像法国著名女作家杜拉斯的名著《情人》里的女主人公，即使面色衰老，却仍然能让爱她的人为她着迷。这可能就是所谓的气质的力量。也许你18岁的时候还感觉不到它的神奇，可随着时间的流逝，这种神奇的魔力就会愈发显现出来。为此，如果你想让自己永葆魅力的话，就一定不要对自己太马虎。"潦草女人"是最不能做的，因为那将会令你费尽心思"塑"起来的气质，在瞬间化为零。

> **· 气质女人修炼法则**
>
> 不管是在哪种场合，有一点是最为重要的，那就是不要做一个潦草的女人，你的任何一种打扮都要符合你当下的情形。这样，才不会让你为自己的外表感到不安。不管是在家里还是在办公室，如果你的穿着看起来是和谐的，那么，无论你出入何种场合，都将会是无懈可击的。

25. 举止优雅，彰显出你的气质

☆ 漂亮最先看脸蛋，品位最先看发型和鞋子，气质最先看举止。

☆ 培根说："形体之美要胜于颜色之美，而优雅行为之美又胜于形体之美，最多的美是画家无法表现的，因为它是难于直观的。"

判断一个女人长相是否标志，最重要的要看脸蛋，判断一个女人是否有品位，重点要看她的发型和鞋子，而判断一个女人是否有气质，关键要看其行为举止。就是说，真正能体现女性内在气质的，是那些在举手投足之间自然而然流露出的细节。气质女人的美是刻在骨子里的，是不经意间从仪容神态的细节中流露出来的。那种轻松的、自然的、宽容的、简朴的一举一动，会让人感到舒服自在。

卢特斯·托勒是芝加哥大学心理学院的一名教授，关于一个人的内在气质，他说道："很多人都有一个错误的观念，认为内在美和外在美没什么关系。实际上，两者是紧密地结合在一起的。很多时候，人们完全可以通过外在的接触来感觉到对方的内在美。尤其是女人，如果她们想让自己充满魅力，外在的表现形式是非常重要的。当然，这不仅仅限于化妆和穿衣，更重要的是平时的一举一动。"

卢特斯教授的话，旨在告诉我们，女人的气质完全是可以在举手投足、一颦一笑中体现出来的，这当然要求女人一定要有良好的举止修养和大方优雅的仪态。所以，从现在开始，别把太多的精力花在外在的穿着打扮上，而把注意力集中在你的言谈举止方面吧，它是判断你有无气质的关键因素。

在电影或者电视里你一定见过类似这样的镜头：

一个身穿旗袍头发高高挽起的女子，缓缓地从楼梯上走下来，身材的曲线随着她每往前跨一步就自然地张扬一下，那种美让你久久都不能忘怀……当然，生活中，你也许无法把旗袍穿得那么摇曳生姿，但是你却完全可以在上下楼梯的时候表现得像她一样优雅高贵。正确地上下楼梯，背部挺直是关键。其次，头要抬高，臀部要收，可以把手轻轻地放在扶手上，步伐要缓，不能风风火火的，把楼梯踩得咚咚响。如果穿的是细高跟的鞋，尤其要注意把双脚在梯上踩踏实，避免有站立不稳的感觉。

同样地，女人在上下车时也要注意。当你身着盛装去参加一个宴会，你的表现是否完美，也是男士们注视的焦点。当你与大家告别，绅士们为你打开车门，你却先低头进车，再将双腿轮流跨进，而臀部还在车门外，那么你在他人心中的形象便会大打折扣。正确的做法应该是：先一只脚踩进车里，再弯腰低头，等臀部进去后，再收另一只脚。你的这种优雅的姿态，就像一个无形的精灵一般，会紧紧地抓住人们的感官，悄悄地潜入人们的心灵，从而给人留下难以磨灭的印象。

女人要明白，脸上的粉黛总有卸下来的时候，人在更多的时候，得用最真实的面目去面对身边的人。当美丽的妆容不再，当年华已经从眉宇间一点点逝去的时候，什么样的东西能使女人焕发光彩呢？那就是一个令人欣赏的举止。无论是从容的，还是优雅的，磊落的抑或者是淡然的，只要能体现出你的气质，便都能让你魅力大增。

"风姿绰约"，并不是说某个女人拥有过人的美貌，只是说这个女人拥有令人难以忘却的行为举止和姿态。《诗经》中的"宛在水中央"，说的便是女人飘飘欲仙的举止和姿态。可见，古人往往看中的也是女人迷人的举止，它对女人尤其重要。

有人说，看见退休后的撒切尔夫人在超市里购物，她无论是神态还是精神上，还是像曾经在位时一样。即使在超市里购物，其举手投足间都呈现出优雅的举止，并且还与收银员谈笑风生，还是像在参加宴会和做国会议员时的举止一样。成就撒切尔夫人的当然不是其美丽的脸庞，对一个已经不在职位上的老人来说，满脸的皱纹已经不能让她成为美丽的代表了，唯一能成就她的就是优雅的举止。

无论是年轻的女性，还是已经步入中老年的女性，其实都应该记住一点：你可以不漂亮，可以不时尚，但一定要注意自己的举止，它是体现你内在涵养和气质的关键。一个举止优雅的女人，连微笑、握手、介绍、交谈、吃饭等这些看似简单的自然之举都能让人领略到她的行为魅力，感受到她从内而外散发出来的气质。这种优雅和修养并非天生，而是在日常的举手投足间逐渐培养起来的。当然，如果觉得自己的举止欠文雅，那可以去报一些礼仪和形体的培训班，让自己变成一个气质优雅的女人，从而让周围的人喜欢你和仰慕你。

· 气质女人修炼法则

举止是一种不说话的"语言"，它真实地反映了一个人的素质、受教育的水平及能够被人信任的程度。可见，女人的举止尤为重要。古代对人体的姿态和举止就有"站如松、坐如钟、行如风"的美的要求。如今，大到社交场合，小到居家坐立，时时刻刻都在反映一个女人的举止得不得体。真正美丽的女人，内外兼修，外表整洁，内心善良，美丽温柔，大方得体。

26. 气质是道"门槛"，没自信的女人无权入内

☆ 气质是一种极为深厚的底蕴，是种有张力的特质，缺乏自信的女人，就没有十足的底气支撑起内在的气质！

☆一个女人最大的悲哀，不是她失去了丈夫或者男友的疼爱，不是青春年华一去不返，而是她失去自信的时候。

美国作家爱默生曾说过，自信是对自我能力和自我价值的一种肯定，在影响个人气质的诸要素中，自信是首要因素，有自信，才会有成功。可见，自信是塑造气质最为重要的因素，它不可或缺。可以想象，一个常将自己放于弱者位置，内心自卑、目光游离、说话没分量的女人，是永远不会散发出强大的气场的，而一个无气场的女人，又怎么有气质可言呢？可以说，气质是一道门槛，那些缺乏自信的女人，是无权入内的。相反，一个自信的女人，其昂首挺胸、目光坚定、脸上常露微笑的样子，不就是对气质的最好诠释吗？

自信的女人是最美丽的，因为拥有了自信，其笑意便会坦然地写在脸上，有了自信，女人也就有了非凡的毅力，让她在挫折面前变得坚强，

让她对未来充满希望。拥有自信的女人豁达开朗，她爽朗的笑声和热情会感染周围的每一个人，她会用宽厚包容去善待周围的每一个人，用一颗温柔的心去化解人们内心的隔阂，这样的女人谁能说没有气质呢？

在八十多年前的英国，一个年仅九岁的小女孩赢得了诗歌朗诵比赛的冠军，校长表扬她说："玛格丽特，你真是幸运。"而她却说："我不是幸运，我应该赢。"若干年后，这位小女孩便成为英国的首相——撒切尔夫人，她曾被称为世界上"最美丽的女子"之一。在几十年的政治生涯中，她用自己的言行告诉女人一个真理：只有自信的女人，才有强势的命运！那种王者般的自信，是令全世界都为之倾倒的美丽。

气质是一种极为厚重的底蕴，是种很张力的特质，没有自信的女人，便无法支撑起内在的气质。意大利女星索菲亚·罗兰说："一个缺乏自信心的女人，永远不会有吸引别人的美，没有一种力量能比对美的自信更能使女人显得美丽。"拥有"影后"美誉的张曼玉说过这样一段话："我觉得女人有自信的时候是最美的，我也是很晚才找到的。找到之后你就会觉得，有什么好怕的呢？怕也一样要面对，不怕也要面对，而怕的时候你的样子会很紧张，一点都不美丽，如果我说：'好啊！40岁了，那又怎么样呢？'我觉得放松，就美了。"这种自信的心态使这位40岁的影视界巨星既保持着东方女子的含蓄，又透射出西方女性的激情，从内到外美得让人心悦诚服。

不可否认，女人的气质是一种深厚凝重的美，它是一个人内在底蕴的自然流露，假如你拥有开朗爽直、潇洒大方的气质特点，你就会表现出聪慧干练的美；如果你表现出温文尔雅、稳重端庄的气质类型，你就拥有了高洁恬静的美丽；倘若你具有俏丽浪漫、超凡脱俗的气质特征，你便会将清新雅致的自己展现在众人的面前；如若你是雍容富贵、高雅华丽的气质类型，那么圣洁尊贵的美就会集于一身。而这所有的一切，如果缺乏自信，任何一种气质类型都无法形成。

可以说，自信于女人，是塑造气质不可或缺的因素，人们都喜欢充满自信的女人，她们传染给人的是一种积极的力量和热情，让人有如沐春风般的感觉。

古人云：人不自信，谁人信之。女人要建立自信，应该从相信自己、赏识自我做起。相信自己，就是对自己的认可和支持。"我能行"、"我也会成功"，这些积极的自信暗示，能够激发你的内在力量，让你散发出一种战胜困难的力量和勇气，如此，你的气质便能自然而然地散发出来。

· 气质女人修炼法则

自信的女人最美丽，自信是女人最好的装饰品。一个长得漂亮的女人若不自信，她的美丽将会大打折扣；一个长相普通的女人若是对自己充满信心，也会有那种令人心动的魅力。

古龙先生说："自信是女人最好的装饰品。一个没有信心、没有希望的女人，就算她长得不难看，也绝不会有那令人心动的吸引力。"

自信的女人，目光不会漂浮、游离，因为她知道内敛性情能产生最致命的诱惑力。

27. 不苛求完美，演绎"绝版"自我

☆ 三毛说："一个不欣赏自己的人，是难以快乐的。"

☆ 相貌是一个女人的外衣，时间久了总会褪色。"个性"才是一个女人的骨头，历经岁月分外清晰。女人因为"独特"而美丽。为此，做女人就要有"永做第一个我，不做第二个谁"的勇气，找出自己的个性美，如此，才能成为男人心口永远的一颗"朱砂痣"。

☆ 身为女人要懂得，你与别人不同的地方，才是你真正的价值所在。所以，出门在外，别老盯着别人的包包、衣服是什么牌子，能让你一眼看到"价钱"的东西，通常都跟"价值"没什么关系，一个女人真正的本事，就是做一个"无法复制"的"绝版自我"！

　　做有品位的气质女人，就要懂得欣赏自己，不苛求完美，努力做一个"无法复制"的"绝版自我"。要知道，世界的美丽是因为千万个独一无二的生命将其组成，生命是独特的，自己的美也是独一无二的。身为女人，我们完全不用套用他人的"美丽"模式，要敢于展示出属于自己的独特的美，才能焕发出迷人的气质来。

　　受人追捧的"魅力之星"奥黛丽·赫本并不是一个真正的美人，她平胸、清瘦，手足细长，但是，她散发出来的气质却让人觉得她就是一个完美的女人。这是因为，奥黛丽本人对于自己的外表没有太多的苛求，她说："每个人都有值得强调的优点，将优点发扬光大，其余的便不必理会。"她的观点值得每个爱美的女士借鉴，而她的独特气质和个性已将她塑造成美好的典范。

　　相信，看到对赫本的这一番介绍，外表不怎么美丽的你，一定会恍然大悟！原来，真的没必要太苛求完美，因为自己比别人矮而自卑；也没有必要为自己缺乏健美的身材而气愤不已；更不必因为自己某方面的缺憾而自怨自怜。"金无足赤，人无完人"，每个人都是不尽完美的，有缺陷没什么可怕的，可怕的是我们表现出一副灰心丧气的样子来，自暴自弃、悲观厌世，自信和热情被有意无意地压制，如此内心的力量也就很难被激发出来。

　　要将自己打造成超级气质美女，就要懂得包容缺点，演绎独属于自己的"绝版"人生。只有懂得肯定自我，心平气和地接受自我，你的价值人生也就从此而生了。

　　有位电车服务员的女儿，一直渴望成为明星。可惜，在外人看来，她并不具备成为明星的条件，她长了一张不美的大嘴，还有一口龅牙。第一次在夜总会里演唱时，她千方百计地想用她的上唇遮掩她的牙齿，期望观众不会注意她的龅牙而去专心听她的歌唱。结果适得其反，台下的观众看她滑稽的样子，不禁大笑起来，女孩红着脸走下了台。

　　下台后，一位观众很率直地对她说："我很欣赏你的歌唱才华，也知道你刚刚在台上想要掩饰什么，你害怕别人注意到你的龅牙对吗？"女孩听后，一脸尴尬。这位观众接着又说道："龅牙怎么了？别再为此自卑了，尽情地展现你的才华吧。也许，你的牙齿还能够给你带来好运呢！"

听了这位观众的忠告，女孩打算此后不再掩饰自己的龅牙。每当她在唱歌的时候，她就尽情地把嘴巴张开，把所有的精力都置于歌声中。最后，她成为一位在电影及广播界享有盛名的双栖红星——凯茜·桃莉，甚至很多人都迷上了她那看起来非常亲切的龅牙。

凯茜·桃莉之所以能够广受欢迎、享有盛名，是龅牙带来的好运吗？谁都知道这是玩笑话。但我们必须承认，当她不再自卑于龅牙的存在，学着包容自己的龅牙，尽情地投入到演唱中时，她的气场得到了提升，更多的人被感染了。

的确，世界上没有完美的个人，就像我们永远也找不到一片完美的树叶一样，但是谁能说不完美就不是美女、就没吸引力？！世界名作维纳斯的雕像之所以美不正是因为缺少了双臂，才产生了震撼心灵的效果，迎来更多游客的青睐吗？

欧洲曾在瑞士的洛桑举办了一次"最完美的女性"研讨会。与会者通过一致地逐一地鉴别后公布的结果是：最完美的女性应该是：有意大利人的头发，埃及人的眼睛，希腊人的鼻子，美国人的牙齿，泰国人的颈项，澳大利亚人的胸脯，瑞士人的手，斯堪的纳维亚人的大腿，中国人的脚，奥地利人的声音，日本人的笑容，英国人的皮肤，法国人的曲线，西班牙人的步态……所有这些还是不够的。完美的女性还应有德国女人的管家本领，美国女人的时髦装束，法国女人精湛的厨艺，中国女人醉人的温柔……然而，即使上帝重新造人，也不可能集这些优点于一人身的，因此，与会者达成的共同的结论是：真正完美的女人是根本不存在的。

既然如此，我们何必要纠结于自己这样那样的不足和缺陷呢？！适当允许一些不足的存在，给不完美的自己一点赞赏吧！相信这种发自内心的肯定力量，会让你变得自信起来，气场变得强大起来，生活也会变得更加美好。

看看那些气质女王吧，虽然她们自身也并不完美，但她们都能够接受"不完美"的自己，并以积极的态度，认真地审视自己的不足，勇敢地战胜它，所以她们的气质比别人要稳定而完整，她们的人生也比别人辉煌得多。

从现在开始，好好审视一下自己，找找自己有哪些不足。给不完美的自己一点赞赏，正视并承认自己的不足，并尝试着改正自己的不足……相信不久以后，你将变得越来越接近完美，将一个崭新的自己呈现在众人面前。

• 气质女人修炼法则

一位哲人说：人生最大的悲剧就是虽然你拥有了一个完全属于你的生命，但你却不敢把真实的自己完全表现出来，并因此而深深地痛苦着。每个女人都是独立的个体，正因如此，世界才会如此丰富美丽。身为女人，不要轻易改变自我特色去取悦他人，而是要保持自我的本能，不轻易去模仿他人。比如，你要知道什么样的妆容、发型、衣服最适合自己。不轻易奴隶似的跟着时尚走，只要求看上去像自己。这样的女人，才能经得起岁月的打磨，才能在任何时候都散发出迷人的自我魅力。

28. 别让舌头超越你的思想

☆ 多做少说，多思少语，多察少话，都是有气质的品位女人遵循的原则。

☆ 话语是即时性的，所谓"覆水难收"。如果不经考虑就将话出口，伤了他人，即使事后再进行苦口婆心的解释和致歉，也难以完全挽回影响。所以更应避免因为一时冲动或大意而信口雌黄、出口伤人。一个智慧的女人绝不会让舌头超越其思想。一个人只有深思熟虑后，才能做到少说无用的话，说好有用的话。

塑造高人一筹的好气质，是每个女人的梦想。而涵养是支撑女人内在气质的主要因素，而判断一个女人是否有涵养，一个极为关键的因素就是其谈吐是否文雅。要做到谈吐文雅，就要求女人在说话时注意话题的选择、声调的控制、心态的平和，并懂得倾听。同时，最为重要的一点就是，别让你的舌头超越了你的思想。

曾有一位家庭主妇参观某科学试验室，刚进去，她便向周围的人发出提问："你们是用什么东西把玻璃擦得这么干净？"话一出口，便让众人瞠目结舌。可以想象，这样的一个无脑的女人，除了让人不齿外，还有什么气质可言呢？无论是什么话，没经过大脑说出来的，都会是不受听的，也会在瞬间降低你的气质。

张媚是个漂亮时尚且温柔贤惠的女孩，至今与男友相恋三年了，两人到了谈婚谈嫁的时候了。但是，张媚的男友很是烦恼，张媚的确是个不错的女孩，唯一让他苦恼的就是她口无遮拦，说话不经过大脑的个性。

一次，男友将张媚带到家里见父母，男友的父母看到她很是高兴，当眉开眼笑地夸她时，她便很得意地取出带去的补品呈了上去，一边口

71

中念念有词："叔叔，阿姨，这个每天早上和晚上各吃四粒。很好记的：早四粒晚四粒，早四（死）晚四（死），早晚要四（死）。"

男友看到爸妈一下子变了脸色，赶紧低声警告她说："唉，你怎么说话的，你也太二百五了。"谁知道她却满不在乎，还大大咧咧地骂回来："你骂我，我吃亏，你妈是个大乌龟。"这是她平时骂男友的口头禅，居然在这个时候搬出来了，让男友觉得不可思议。

男友的老妈实在受不了了，长叹一声："不是早晚要死，我看现在就立马气死了。"她转身把自己关进了房间。张媚这才意识到自己说错话了，但是却无法改变她在未来"公婆"心目中的不良印象。他们的婚事也遭到了男友父母的反对。

张媚本没有坏心，但是男友的父母却不会因为这点而谅解她，只会因为口无遮拦而讨厌她。说话不经过大脑思考，就胡乱说话，这样极容易得罪人，也容易造成不必要的误会。所以，身为女人在说话之前要考虑一下场合、人员、对象、气氛，这样就能说一些符合当时情况的话语，才不至于造成误会，或影响和降低自己的形象和气质。

文雅的谈吐是一种文化素养的积累，是知识的沉淀，是修养的体现。如果一个女人只知道化妆、打扮，而不懂得让自己的言谈举止得体文雅，那么无异于"金玉其外，败絮其中"，会让人心生鄙夷。

沉默能让人焕发出强大的气场，从根本上提升内在气质和影响力。所以，女人要提升气质，一定要先管好自己的舌头，别让它窜过自己的大脑。

一般来讲，血气只有在"三思"后才不会一时冲动，才能降低说出蠢话、危险话、不好听的话的概率。当然了，一句在适当时机、对适当对象所说的好话，是需要有日积月累的经验才能说出来的。但我们可以做到的是，话到嘴边留三分。当一种想法、一种认识初入我们大脑中时，先沉住气，冷静、客观和全面地去分析，适时权衡利弊，因人、因地、因时地去考虑，这样才能把握好说什么样的话、怎么说，才是最合适的。

同时，在谈论他人时，则更要谨言慎行，不可因片面的观察就在背后妄评妄论。说得严重些，讲一个坏人的好处，旁人听了至多以为是无知；但若把一个好人说坏了，那就不仅是有损道德的问题了。另外，人们在日常生活和工作中，往往容易在没有深入调查的情况下，就以固有的主观意识去猜测臆断，从而忽视了真实的真相，误导了人们的视线。所以，在任何时候，在没有考虑和确切证据的情况下，一定要闭紧自己的嘴巴，以妨降低自己的影响力和气质，甚至给自己招来不必要的祸端。

> **· 气质女人修炼法则**
>
> 口无遮拦者都是只管自己说得爽，不管别人听的心情。
>
> 说话别夸张，为了一时效果惊人，你要付出不靠谱的代价。
>
> 任何秘密，就地消化，到你为止。
>
> 你总认为你说的话别人不会知道，其实都会知道。

 ## 29. 话出口前，先加点"糖"

☆ 一句话出口前，你是它的主人，出口之后，它是你的主人。钉子可以从木板中拔出，说出去的话却无法收回。所以，养成话出口前先加"糖"的习惯，它能让你受人欢迎，还能让你少惹麻烦。

☆《三国演义》中说："忠言逆耳，唯达者能受之。"其意是，正直的忠告之言，听起来很刺耳，只有通晓事理的人才能够接受。但是，聪明的女人可以善于利用语言艺术，将"忠言"外面包层糖皮，让它听起来顺耳。

女人要提升自我品位，一定要管好自己的嘴巴。一个话语凌厉，尖

酸刻薄的女人，因为身上缺了一种叫"亲和力"的物质，而会遭人厌弃，这样的女人是与气质无缘的。而一个内心和善，说话做事充满了亲和力的女人，其举手投足间都能透出优雅的气质。当然，要让自己充满亲和力，最为有效的方法，就是话出口前，先加点"糖"。即为话出口前，先赞美，这样的说话方式，即便是批评对方，也很容易让人接受。

《史记》里有一个《刘邦去秦宫》的故事：

刘邦大军攻入咸阳，看到豪华的宫殿、美貌的宫女和大量的珍宝异物，许多人便忘乎所以，昏昏然，以为可以尽享天下了。连刘邦也情不自禁，为秦宫里的一切倾倒，想留居宫中，安享富贵。武将樊哙冒死犯颜强谏，直斥刘邦"要做富家翁"，"是想得天下，还是想学秦王？"气得刘邦大发雷霆。

张良知道这件事后，规劝刘邦说："夫秦为无道，故沛公得至此。夫为天下除残贼，宜缟素为资。今始入秦，即安其乐，此所谓'助桀为虐'。且'忠言逆耳利于行，毒药苦口利于病'，愿沛公听樊哙言。"张良一席话，既没把樊哙之功据为己有，又把利害关系说得清楚明白，且娓娓而谈，循循善诱，使刘邦幡然醒悟，重又率军驻扎到咸阳城外，揭开了楚汉相争的序幕。

要说樊哙和张良对刘邦讲的道理是一样的，都是治病良药。但是因为樊哙说得过于直白、刺耳，使刘邦感到"苦口"，不但没起到好的结果，还几乎招致杀身之祸。而张良则讲究语言的艺术，把批评的话讲得极为"甜口"，使刘邦欣然接受了他的建议，达到了规劝的目的。为此，生活中，女人也要掌握这种说话艺术，在建议性的话语开口前，一定要讲究方式，为你的影响力和气质加分。

刘岑是上海一家外企的高管，有一次她批评她的助理，这样说道："你今天的打扮很得体，妆也化得很精致，真是迷人极了。不过，如果你以后对待工作也能那么细心，不再总是出现错别字，那么，我相信你的文件一定会像你一样漂亮！"助理听罢后便心悦诚服地改正了错误。

从此之后，文件再也没有出现过任何的错误。

其实，刘岑并没有直接用威严去训斥助理的错误，相反，她以这样机智风趣的话语十分巧妙地指出了对方的缺点，既让助理觉得面子上过得去，同时又能心悦诚服地接受她的批评。这便是话说出口前，先加"糖"的好处。

聪明的女人都懂得，指出他人的问题，并不一定要以伤害对方的感情为基础。要知道，有效地批评是可以从赞扬开始的。而巧妙地暗示对方的错误，或者先批评自己再去批评他人，这些都是帮助别人改正错误或者问题的好方法，这样做既可以保住他人的面子，又能让他意识到自己的毛病，可谓是"两全其美"。

· 气质女人修炼法则

女人要记住，无论是什么问题，友谊永远比问题更重要。谨记这一点，提意见就可以给予人们力量，而不是痛苦。

谈话一次就已经足够。一旦问题解决了，不要再提起它。

即使你有身份、学识或经验非凡，也不要把它用以施加压力给别人。这会让别人与你配合时感觉压抑。你只简单地把问题解释清楚，然后请求他们在实施解决方法的过程中给予帮助。让你的学识与经验自动放出光芒，不要利用地位去达到目的。

30. 世界上最美丽的妆容便是微笑

☆ 诗歌中说："拈花一笑海天远。双眉轻展无忧愁。"对女人来说，微笑是提升气质的最有效的表情之一，它是青春的防腐剂，也是女人不老的法宝。

☆ 世界名模辛迪·克劳馥曾说过这样一句话："女人出门时若忘了化妆，最好的补救方法便是亮出你的微笑。"毫无疑问，微笑能够弥补一个女人的所有不完美。一个微笑的女人，她的微笑就是最好的沟通语言。

☆古龙说过："爱笑的女孩，运气不会太差。"你用春暖花开的心情去微笑，自然就会获得一种无穷的魅力。

有句话说，女人一笑，英雄折腰，女人再笑，江山倾倒。可见，女人的微笑有何等的吸引力。女人要提升气质，微笑是必不可少的表情之一。生活中，那些气质女人，脸上总是挂着不逝的微笑的，那样的笑天真、明朗、灿烂生辉，她们笑起来像蒙娜丽莎，不会淫笑、狂笑，而是娇嗔地笑，带一点矜持，带一点诱惑。那样的笑不仅让女人充满母性的光辉，而且还会让自己看起来格外地友善、礼貌，富有气质。试想，无论是生活还是工作，谁又愿意与一个爱发脾气、刻薄挑剔、出言不逊、咄咄逼人的女人交往呢？

有一位富有的富翁，每天过着锦衣玉食的生活，但却并不快乐。于是，他便想找一位能使他快乐的女人做妻子，便在全国应征。很多长得漂亮、身材窈窕的女人都前来应征。这些女人，个个都是涂脂抹粉，把自己妆扮得花枝招展，但这位富翁看到她们却始终高兴不起来。

而只有一个女人，长相很是普通，妆扮也一般，但脸上总是挂着微笑。沉闷的富翁无意之中透过人群看到了这个女人脸上的微笑，心中豁然开朗，如刮过一阵春风般。心想：我为什么要不高兴呢？能像她这样微笑该有多好啊！

最终，这位富翁选定这位女子为妻，并择日成婚。很多人都不解，那么多的漂亮女人，富翁为何单单选定了一个长相普通的呢？那位富翁说："她本人毫无特点，但是脸上挂着的微笑很是令人着迷。"

"只是对他微笑了而已"。这么简单！这实在令人难以置信。但是，这便是微笑的力量，它是女人最美丽的"妆容"，任何名贵化妆品都比不上它的"威力"，它是提升女人气质最富有成效的方法。

微笑最能彰显出一个女人的气质和修养，真诚地发自内心的微笑，能让人感受到一颗温暖的心。微笑是女人应对一切的撒手锏，面对突如其来的状况，有气质的女人通常都会很淡定地微笑，然后从容地面对眼前的一切，而普通的女人则会抱怨老天的不公，整天愁眉不展。一个乐观的心态能够让女人永远充满活力，无论在什么时候，你看到她的时候，你总能感受到那种充满希望的力量，这样的女人怎么会不受欢迎，怎么会没有气质呢？

有句古话说得很好："笑一笑，十年少；愁一愁，白了头。"的确是这样，整天摆出一副苦瓜脸，看谁都像别人欠她十吊钱的样子，这样的女人怎么会有气质呢？遇到事情的时候，不是想着怎样去解决，而是满面愁容或者大哭一场，这样的女人无论怎样打扮，都不会有气质。气质不仅仅是美丽的外表，外表的魅力不过是气质的表皮功夫，内在的乐观世界才是女人气质的根本，才是女人气质的最终体现。

• 气质女人修炼法则

人生如画，有了微笑的画卷便添了亮丽的色彩；人生如歌，有了微笑的歌声便多了动人的旋律；人生如书，有了微笑的书籍便有了闪光的主题。微笑地去面对人生，就将会有微笑的回报。

一旦你拥有了"阳光灿烂"的微笑，你就会发现，你的生活从此就会变得更加轻松，而人们也喜欢享受你的笑容。

微笑，那种笑该笑不露齿，比较斯文得体。在一些不熟悉的场合，当别人友好地看着你时，你微微一笑，那么人与人之间的关系就不会显得那么紧张，反而会变得自然，容易让人产生好感。

31. 品位女人都懂得"富养"自己

☆ 苏芩说："世界上没有人比你更重要。"所以，女人一生最重要的事情就是要学会善待自己，"富养"自己，经营好自己。

☆ 富养男人不如"富养"自己，只要你懂得取悦自己，不需要取悦男人，男人便自会来取悦你。因为，神秘、独立、自信、自主……是男人，都逃不过这样的女性魅力！

那些真正有品位的气质女人，都是懂得"富养"自己的。其实，女人一生最靠谱的幸福，就是拼命地对自己好，让自己内心丰盛得像女王，外表灿烂得如初阳，一次随心所欲的行动，会让自己倍感满足。这样的女人，心灵是健康和富足的，生活是优雅的，工作是开心的；这样的女人，拥有的是内外兼具的魅力，气质也自然是逼人的。无论在婚恋场上，还是在交际场上，她们本身就是一个磁场，众人不自觉地便会愿意纷纷向她们靠近。

懂得"富养"自己的女人，在物质上从来不苛待自己，逛商场、喝咖啡，每天把自己装扮得精致迷人。当然，她们不会为了享乐而铺张浪费，而是懂得花心思让自己活得更快活。这样的品位女人也是智慧的，她们懂得，生活中的痛苦，除了自己，没有人能帮自己承受。所以，无论遭遇什么，她们都不会折磨自己，而是学着把一切看淡，然后去搜寻生活中的快乐。

静娴的儿子是在一场车祸中丧生的，当她得知这个消息的时候，悲痛欲绝的她完全没办法让自己平静下来。每当想起死去的儿子，无论她做什么，想什么，心都是刺痛的。她知道，要让自己摆脱痛苦，唯有让自己忙碌起来。

当她将所有的精力都投入到工作中去，方能获得一时平静，但是只要她一静下来，甚至只要走路停下来一会儿，那种哀伤就会袭上心来，令她无法招架。后来，静娴不再逃避，不再没事找事地瞎忙，当丧子之痛又来时，她让它涌上心头，看着悲痛一点一点地走近自己，然后渐渐地消退，虽然想到仍会难过，但却能让自己渐渐地平静下来。

最后，她终于战胜了自己，她已经可以不必再抗拒那种情绪，她明白最痛苦的那一刻已经过去了，她想着属于自己的生活。

"我可以再次体会人生的快乐，那些痛苦已不是现在的事了。它只是我人生的一部分，而我人生其他的道路，还可以继续走下去。"这是走出伤痛后，她所说的第一句话，她的坚强让所有的人都肃然起敬。

可见，懂得"富养"自己的女人，无论追求物质还是舒缓情绪，快乐是她们生活的第一目标和宗旨。她们懂得，只有自己快乐，才能给周围的人带去快乐。这样的女人无论走到哪里，都能用积极的情绪感染他人，谁能说她们没有气质呢？

懂得"富养"自己的女人，总能理智地面对感情。她们不把爱情和男人当成自己生活的全部，绝不会委曲求全去换一个男人的爱情。当一个男人离开，她们会以微笑相送，然后全身心投入工作和学习中，让自己尽快从阴影中走出。

同时，懂得"富养"自己的女人，即便是在婚姻中，也不会把自己全部奉献和牺牲给家庭。她们懂得给自己留出时间和空间，自己独身出去旅游，把家里的一切留给丈夫，让他尝试一下管家和孩子的滋味。她们也会躲起来去读自己早想读却一直没时间去读、自己认为最有意思的图书。她们会去买自己以前想买、可总舍不得买的时装。让自己漂亮，也是为了给自己一个好的心情。

"富养"自己的心灵，是有气质的品位女人的生活目标。她们懂得：人的狭隘、纠结、怯弱，全都是因为世面见得太少。为此，她们会旅

行、读书，但凡能让自己内心丰富的事情，都会去尝试。岁月会把普通女人变成妇女，经历却把她们变成了处处受人欢迎的"富女"。心灵富足了，人外在的气质便自然就有了。

"富养"自己的女人，最懂得用钱解放自己。她们懂得，不舍得为自己花钱的女人活不精彩，因为其从心底并未肯定自己的价值。她们对自己的每一份宠爱，都会长成皮肤上一股别样的气质和自信。

• 气质女人修炼法则

"富养"自己的女人，最大的爱好就是看书。爱看书的习惯，让她们有了沉静的心态和感知丰富生活的能力。心灵的丰富，练就了她们出口成章的本领。可以说，阅读过的书籍都成为了这些女人的社交资本。深厚的涵养和优雅的谈吐，让她们成为社交和婚恋场上的"大赢家"。

32. 熟透的果实，才最甜美可口

☆ 戴尔·卡耐基说："成熟的人会适度地忍耐自己，正如他适度地忍耐别人一样，他不会因自己的一些弱点而感到活得很痛苦。"

☆ 英国科学家经过调查发现：30岁的女人最幸福。自信，自足，充满着成熟的智慧。她们享受着一个女人最完美的时刻，享受着一个女人最受青睐的心理陶醉。女人自信的美，在这一时刻，被张扬到了极致！

☆ 成熟的女人已经渐渐地掌握了生活的步调节奏，她不再向生活希求什么，只因在成熟女人的心中：自己，早已经是生活的主宰！

什么样的果实最可口诱人？答案是熟透的果实。什么样的女人才是有气质、有魅力的女人？答案也很简单，做任何事情都要讲究分寸，懂得事情和人都是过犹不及的道理，这样的女人被冠以一个很贴切的词就是"成熟"。成熟的女人，就像成熟的果实一般，不仅有靓丽诱人的色泽，还有甜美可口的味道。这样的女人，是最有气质的。当然了，对于女人来说，成熟并不意味着年纪大或者历经岁月的磨砺。成熟的含义很复杂，简单的善解人意并不能完全概括这个词，当你看到一个女人看上去赏心悦目，并且不追求高贵的名牌和奢侈品，只是独运匠心地穿出了自己的个人品位，这个女人就是成熟的。

也许你会说男人会喜欢成熟的女人吗？年轻漂亮的女人才是王道，年轻漂亮固然很重要，但是一旦一个女人进入不惑之年，年轻悄然而逝，漂亮不足，眼角的鱼尾纹慢慢地爬上来，那么不惑之年的女人就没有韵味了吗？一个成熟的女人会让自己无论在哪个年纪，看上去都有独特的气质和魅力，这就是成熟的高超之处。

年过四十的方琼发现丈夫对自己越来越不感兴趣了，于是到美容院去做了个美容。金钱应该是花得比较到位，美容院专家的技术真的让方琼恢复了昔日的靓丽。她觉得这回老公应该会很欣赏自己。结果终于等到丈夫老黄回来，却没有想到丈夫好像对她的变化并没有太大的注意，反而是和她讲自己公司的女领导如何如何的有感染力，男同事们都被她折服了。

听了丈夫的话，方琼心想，莫非这个女领导比自己还要风韵犹存吗？于是经过百般的纠缠，丈夫同意方琼和他一起参加公司的晚会。相见之后，方琼大吃一惊，这个女领导不仅年纪很大，而且长得也是不敢恭维，身材走样，个子也极矮。但是从她的言谈举止中透着聪慧和自信，并且她为人很谦虚，并不因为自己是大领导就会摆架子，即使面对一个普通的服务员，她也是礼貌地微笑，同时她也不乏幽默、机智。方琼不知不觉也被这个貌不惊人的女人吸引了，瞬间觉得她气质不凡。

岁月也许会很轻易地带走一个女人的美丽容颜，但是带不走一个女人的成熟稳重。她们很懂得独立，有自己的经济基础，并且无论在感情

中还是其他事情中，她们都懂得尊重，并且绝对不会纠缠。当一个女人过多地表现自己的聪明或者强权的时候，她就已经丢失了应该有的气质，自然这样也不是成熟的表现。

成熟的女人，有着一颗如熟透的果实一般通达透明的心，这让她生出了圆润的光芒，这便是气质。情感的磨砺，岁月的蹉跎，让她们深邃、通达，剔透得如水晶一般，莹射着尊严和坦荡，望过去，是一片清透的水，是一叶鲜红的枫。就像张爱玲一般，其通透的心灵和富有灵性的才情让她看清，自己不是胡兰成的红玫瑰，也不是他的白玫瑰，他是她的过客。曾经带给她金粉金沙般的浪漫和沉静，也给她嵌下了一道深深的伤痕。于是豁然，即使整个城市倾覆也不会再有爱了，尘烟起处，只是她灰颓的背影。所幸她能通透地彻悟，那背影才不是狼狈，而是一种成熟的洒脱。

在台湾，曾经面向20岁到40岁不同年龄层的男性进行了"男人眼中的美丽成熟女人"调查，发现：近55%的受访民众认为，拥有知性内涵与性感外表的熟女是最令男人倾心的女性形象。一位作家说，熟女是巅峰期女性的总称。可见，成熟的女人是充满魅力和气质的，它能让年轻女人漂亮迷人，让年老的女人富有味道，让女人拥有岁月打不败的恒久的"美丽"。

· 气质女人修炼法则

成熟的女人都懂得点到为止，任何事情都能够做到心中有数，成熟的女人懂得什么年龄就应该做什么事，不会不根据具体的情况，随意地模仿年轻人的打扮，更不会年纪轻轻就打扮得过于衰老。她们懂得保持自己独到的眼光，在任何情况下看来，她们都是不可逾越的经典和传奇，她们让年轻时候的自己漂亮迷人，年老的时候气质成熟。

Part2 充实内在：
底蕴深厚，才能气质文雅

　　女人的气质并非是天生的，是靠后天修炼出来的。要修炼气质，就要让自己的内涵丰富起来，底蕴深厚起来，信念坚定起来，品格高尚起来，情趣超凡起来，内心强大起来，那么，气质便自然会融进你的骨子里。可以说，女人气质的修炼，除了要有靓丽的外表外，关键是要有深厚的底蕴做基础。总之，要修炼气质女人，一定要懂得内外兼修，不能"金玉其外，败絮其中"，内外兼修的女人最经老，因为前半生有容貌，后半生有内在，能让自己永远充满吸引力，永远都魅力十足。

不做"女强人"，力做"强女人"

女人气质的提升需要一颗强大内心的支持，一个内心不够强大的女人，很难经受住生活的打击和人生的挫败。为此，她们的精神是枯萎的，内心是自卑的、怯懦的，这样的女人，即便有再艳丽的容貌，也毫无气质可言。当然，我们提倡女人内心强大，并不是让其气焰强大，也就是说，不做"女强人"，要做"强女人"，同样的三个字，排列顺序不同，其蕴含的意思自然也不同。女强人有干练的工作作风，有令男人胆战心惊的业务手段，有巾帼不让须眉的胆识谋略。而强女人则有明确的生活态度，有足够自立的生活能力，对婚姻、对异性有着游刃有余的聪明智慧。作为女人，女强人不是人人做得，但是强女人却只需要有一颗足够强大的内心！

33. "女强人"能抓住钱，"强女人"能守住爱

☆ 一个事业成功的"女强人"，能抓住钱。而一个女人的成功，便是能守住属于自己的爱。一个真正聪明的女人，会努力去做个成功的"强女人"，然后去实现自己的事业梦想。

☆ 玫琳凯·艾施女士告诉我们，我们只有遵循信念第一、家庭第二、事业第三的生活优先秩序，才能获得快乐而充实的生活。

☆ 一个真正有魅力的"强女人"的标准是：大女人的素质，小女人的情怀；她能温柔似水，也能坚强如钢；能在小事方面涂糊，在大事面前清醒。

　　"女强人"听起来就是一个让人望而生畏的名字。任你是谁，只要听到这三个字，脑海中可能立即会浮现出一个身穿蓝灰套装、头发盘成发髻、不苟言笑、不亲和待人、一张口便对着下属痛骂一顿的冷女人形象！不可否认，这样的女人是工作能手，是公司的顶梁柱，处处争强好胜，于是，她们一般都有不菲的薪资收入，也能享受到优越的生活条件。然而，这样的女人却很难守住爱，很难拥有甜美的爱情和幸福的家庭。她们强势的姿态，要求全世界都以她们为荣，那种巾帼不让须眉的高傲气势，只会让男人望而却步。所以，那些能在职场上叱咤风云的女强人，一到婚恋场上，便立即受冷遇。

　　而"强女人"则不同，她们有一颗强大的内心，在工作中收入不高，但在男人身边，她们有小鸟依人般的温柔，有如小女人般的顺从，是丈夫眼中的好妻子，是婆婆眼中的好儿媳，也是孩子眼中的好妈妈。她们看中爱情，却不会把幸福全都押在男人身上，懂得如何才能选择属于自己的幸福。她们没有强势的姿态，但却有强势的心态。她们自己可以做自己的主，自己拥有选择生活的能力。也就是说，她们拥有大女人的素质，小女人的情怀，这样的女人，男人很难不喜欢。

　　所以，我们说，在职场上拼杀的"女强人"能抓住钱，而"强女人"则能守住爱。而对于女人来说，婚姻和爱情的成功才是其一生最大的成功，所以，身为女人，要力做"强女人"，而不做"女强人"。"女强人"干练的工作作风，只会给人一种咄咄逼人的气势，而"强女人"的一颗足够强大的内心足以支撑起她优雅迷人的气质。

　　雅丽出身于名门之家，家境阔绰，人长得漂亮，关键是事业干得极成功。而老公只是个普通的小职员。在雅丽的潜意识中，总是认为老公娶了自己是"癞蛤蟆吃上了天鹅肉"，于是平时总会像高贵的公主一样去指挥老公，回家后，也总是在家中摆出颐指气使、不可一世的架势。可最近，她总是一副无精打采的样子，原因是自己的丈夫竟然有了外遇。

　　如果第三者的条件很好，她也许会自叹不如。可偏偏那个第三者既

不漂亮，又不聪明，更没有事业，是那种小鸟依人型的女人。

雅丽不明白丈夫为何会看上这样的女人。她总认为，自己各方面那么优秀，只有自己"开除"老公的份儿，却没有想到偏偏却"输"给一个比自己"差"那么多的女人，她根本无法接受这样的事实……

不可否认，"女强人"能守住事业、钱财等，但却无法守住老公的心，守住自己的爱情。而"强女人"则不同，她们靠守住女人的本色而守住爱情，这样的女人不高傲，不强势，无论何时，都能够守住自己的原则。她们无论在工作中有多出色，也永远不会忘记自己是老公的妻子，孩子的母亲。生活中，她们会运用女性独有的天性，帮助老公消除不必要的心理困扰，从内心深处去依赖男人，这样的女人，会让男人唯恐爱之所不及，谁敢说这样的女人没气质呢？

无可否认，有事业的女人是可敬的，但有份她所热爱并认真从事的职业的女人则是可爱的。职场上的"女强人"受人肯定，婚恋场上的"女强人"受人冷遇。如果你是一个职业女性，如果不懂得适时地释放自己的默默的娇羞，不懂得在老公面前示弱，那你离幸福的婚姻还很遥远！

人生不过百年，生活中除了工作，还可以有太多让人去热爱，值得去投入的丰富内容，既然女人在事业上太过执着最终吃力不讨好，何不抽出时间和精力来做一个既自立又精致多才的"强女人"呢？

• 气质女人修炼法则

一个拥有强大内心的"强女人"，是温柔的、微笑的，富有韧性的，不紧不慢的，沉着而淡定的。因为内心强大，所以心中充满了安定与平静。

强大，并不是霸道，不是要将别人的所有占为己有，恰恰相反，内心的强大带给我们的是宽容和谦让。正是因为内心的安定与平静，我们才明白自己真正需要什么，才明白如何才能得到快乐。

34. 不做婚恋场上的"钉子户"

☆ 分手如同结束一场宴会，美味已经吃完了，剩下的都是些残羹剩饭，不走待何？是否一定要让自己倒了胃口才肯离开？

☆ 爱情，是滋养女人精华的地方，也是掏空女人精血的地方。一个女人，如果把爱情当成了生活的唯一，那就意味着她离枯萎已经不远。

☆ 对感情的尊重应该是这样：开始的时候要端庄，不要轻率，否则你在对方心中就不会很珍贵；结束的时候要理智，不要留恋，不然对方会更加骄傲自己的吸引力，你在人家心中就更没有分量。

女人的气质离不开强大内心的支撑，而一个内心强大的女人无论是面对事业还是爱情，都能保持平和淡定洒脱的心态，她们不会为工作的不顺而牢骚满腹，也不会因为生活中的不如意而唉声叹气，尤其不会在婚恋场上扮演"钉子户"角色。相反，生活中，还有一种内心不淡定的女人，生活稍有波澜，便会唉声叹气，尤其在面对婚姻或爱情突变时，更是会情绪失控。生活中有不少婚姻撞上第三者的悲惨弃妇，她们之中，多数人一旦发现了老公的婚外恋，脑子立即产生一个念头：我死也不会让你们得逞！接下来，开始一哭二闹三上吊，先到老公单位闹，再到情敌家里闹，满口污秽之语，满地撒泼打滚。可以想象，这样的女人哪会有气质和涵养可言呢？

薄暮时分，一位中年妇女在公园的紫藤花长廊中，握着手机不停地哭诉："事到如今，我还能怎么样，看在孩子的份儿上，我只能忍了。但是，没想到他仍旧如此无情，我现在连死的心都有……"接着又开始不停地抱怨那个男人是如何的无情，她这几年又是如何的辛劳。

　　原来，她的丈夫有了外遇，被她发现后，便与其大吵大闹。先是跟老公一场大战把家里砸了个乱七八糟，本来还有点愧疚之心的老公再也无法容忍，干脆跑到外面住！这下她却像疯了似的，开始跑到老公单位大喊大闹。回到家还是不解气，跑到老公情人的家里，上门便将人家痛打一通！

　　老公彻底绝望了，便对女人说："咱离婚吧，财产全归你。只求你，别闹了！"

　　她又开始失声痛哭："我闹来闹去也是为了让你回来，你为何执迷不悟！"

　　老公只是说："你都闹到这种地步，我们以后还怎么在一个屋檐下生活。我原本是想回家来的，可你给我留了回家的路吗？"

　　女人听罢，顿时无语，欲哭无泪，不知如何是好。

　　她的肤色黯黄，一束凌乱的头发潦草地扎在脑后，臃肿的身材"盛"在暗黄色的水桶裙中，脚上穿了一双很随意的白色的旧"人"字拖，这些颜色混搭起来，很不美观。

　　这些年来，她为丈夫操持家务，做饭、洗衣、带孩子，什么都做得很好，唯独忽略了自己。于是她的百般好，都被她丑陋的打扮黯淡了。年轻时候的她，本是一个眉清目秀、毫无烟火味、瘦弱腼腆、不染尘埃的淡雅的女子，与当下的她完全是两个不同的模样。

　　这便是婚姻"钉子户"女人的作风，她们原本是想通过打闹让老公回家，但结果却恰恰把回家的路给堵死了。这种做法让女人彻底丧失了该有的优雅和涵养，也失掉了女人该有的尊严，已经毫无魅力与气质可言了。

　　一个真正有涵养的气质女人，面对男人情感的背叛或分手要求时，她会微笑着对男人说："其实我早就想离开你了，请你出去的时候把门带上吧！"这样的女人内心是强大的，她们离开了男人，照样会活得精彩。在任何时候，她们都不会委曲求全换来一个男人的爱情，更不会做有失涵养的事。这样的女人无论在何时都懂得爱自己，她们明白，只有学会爱自己，才会受到他人的珍爱。能与相爱的人相守一辈子，固然很好，如果真有不爱的一天，就该果断放手，不必浪费时间去恨他，去和他争，和他吵，一生如此短暂，只有放下伤痛，好好珍爱自己，想办法让自己活得幸福快乐，才是对对方最好的"报复"。

· 气质女人修炼法则

　　一切人与事都不可抵挡住时间的洪流，握在手中的，也要做好随时被带走的准备。学着和气分手，过多的争吵和抱怨，只会让自己永不幸福。然而，时间也是仁慈的，终有一天，你会发现，这些怨过、恨过的光阴，早已经成为时光随手可以带走的"垃圾"。

　　成熟不是人的心变老，是泪在打转还能微笑。走得最急的，都是最美的风景；伤得最深的，也总是那些最真的感情。收拾起心情，继续走吧，错过花，你将收获雨，错过雨，你会遇到彩虹。

35. 放弃"挑战"，懂得"休战"

☆ 善于"挑战"的"女强人"，会有个破败不堪、失魂落魄的情场；懂得适时"休战"的"强女人"，会有个顺风顺水、精彩纷呈的情路。

☆ 女人，既要学会挑战，更要适时休战。这样的女人，才是真的万人迷。

☆ 一个女人的智慧表现在工作中可以强势，可以高傲，但到了自己男人的面前，她愿意装傻和示弱。

　　我们建议女人不做"女强人"，力做"强女人"，主要是因为"女强人"一般都有太过强势的姿态，极善"挑战"：在工作中喜欢挑战难题，喜欢与工作能力强的同事"较劲"。在家庭中，同样也喜欢挑战难题，

大事小事喜欢一人包揽，为此，也更喜欢挑战老公的"权威"。这样的女人气质中总有一种叫作"距离"类的物质，尽管工作出色，但却难获得好人缘，也极难在爱情或婚姻中获得幸福。

而"强女人"则不同，其内心强大但外表柔弱，她们是自找快乐，并懂"休战"的女人：在工作中，她们会表现自己，但懂得低调，一旦与同事或领导发生冲突，便会利用女性优势艺术地化解，始终在和谐的氛围中与他人公平竞争。在家中，她们最懂得示弱、装傻，通常扮演"弱者"角色，只要与老公发生矛盾或冲突，便会撒娇、耍赖地予以和解。这样的女人，是最富有气质的，而且是那种受人欢迎的气质。

为此，我们说，做女人就该有一种强势的心态，而不该有强势的姿态。一个真正富有智慧的女人，一定是懂得示弱的：当工作遇到挫折时，她们不会硬拼强攻，而是会暂时放下，让自己的心静下来后，再想办法解决；当与人发生矛盾时，也不会强硬，而是懂得用宽容和大度取得和解；当与家庭成员发生冲突时，会主动示弱，达到和解的目的。上帝要创造人类的时候，故意把男人打造得强健结实。可是，到了打造女人的时候，却偏偏只用了男人的一根肋骨。也就是说，从人类诞生的那一刻起，就已经注定了男人和女人的特性：男人是刚强的，女人是柔弱的。既然女人的特性是柔弱，那么把"柔"或"弱"的一面发挥好了，也自然能够克刚。

对此，张爱玲说过，善于低头的女人是最厉害的女人。男人生来就有一种保护欲，同情弱者，怜香惜玉。在婚恋场上，女人如果在恰当的时候主动示弱，男人自然会被这一天然武器制服，对女人倍加呵护，百般顺从。

曾经听过一位男性朋友讲述了他与"弱者"过招的经历：

当时，电视台邀请他与某女士同时参加一个互动节目。在商量表演方案的时候，那位女士说了一句："我觉得你很有主见，我都听你的。"就这么一句话，这位男性朋友当场就被"制服"了。于是，他思前想后地出主意，他整个人完全被那位女士的赞美给控制了，也同时被这位女士的迷人气质给迷住了。他觉得，那一刻自己变成了强者，而那位女士则始终都以弱者的身份在调配着他的方案。节目录完之后，他感慨颇多，觉得真正聪明的女孩子不该显示自己有多能干，而是该学会如何示弱，这样的女人拥有最迷人的气质，无论相貌怎样，都能让男人产生爱慕之情。

一个女人如果处处强势，那么无异就等于在挑战男人的尊严，当男人的力量和威信在女人面前变成了空气，那他还会留女人在身边吗？

其实，一个喜"挑战"的"女强人"，其内心也是脆弱的，这是女性的天性使然。所以，身为女人，没有必要去掩盖自己的这种天性，也没有必要在一个男人面前表现出过于强大，无须保护，凡事都亲力亲为。这样等于掩盖了女人本该有的弱者"气质"，男人自然会感到压抑，一头会扎进别人的怀抱中。古今中外，很多男人都是被女人打败的，但女人用的武器不是力量，而是以柔克刚的智慧。示弱，低调，柔和，都是以柔克刚的需要，也是以退为进的表现。

身为女人，在工作中喜"挑战"是无可厚非的，但是在婚恋场上，在男人面前，就该学会"休战"，懂得低头、示弱，这样才有可能得到宠爱。比如，当男人做错事的时候，不要非抓着他的小辫子不放，让他当面跟你赔礼道歉，承认错误，那就错了，这样只会激怒男人，让他为了自尊而强词夺理。与其这样，不如悄悄低下头，必要时再流出一点眼泪，这样的"退步"会让男人对你充满感激，因为多半男人对弱小的事物都有一种保护和迁就的心理，更何况是面对自己的女人呢？

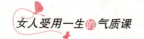
> **• 气质女人修炼法则**
>
> 　　这里需要提醒女人一点：学会"休战"，懂得示弱也是要讲求原则的，也就是说，可以在无所谓的小事上退让一些，糊涂一点，但是如果触及原则问题，那就另当别论了。
>
> 　　同时，示弱并不是软弱，不是要一个女人总在男人面前摇尾乞怜，事事依赖着男人。换句话说，有些事你应该会做，但你不一定非要去做。把那片伟岸的天空交给男人，你悄悄地退后一步，看似是男人得到了天下，殊不知你才是背后最大的赢家，因为你赢得了他的心！

36. 像树样一挺立，别让你的爱"跪着"

　　☆ 女人要牢记：赢得了男人，并不代表赢得了全世界。在婚恋场上，女人可以输掉感情，可以输掉男人，但一定不可以输掉自己。智慧女人永远不做情场上的"乞怜者"，而是做内心高贵的"公主"，这是让你的爱变得无价的重要砝码。

　　☆ 舒婷说："我如果爱你，绝不像攀缘的凌霄花，借你的高枝炫耀自己……我必须是你近旁的一株木棉，作为树的形象和你站在一起。根，紧握在地下；叶，相触在云里……我们分担寒潮、风雷、霹雳；我们共享雾霭、流岚、虹霓。仿佛永远分离，却又终身相依，这才是伟大的爱情。"

　　一个内心强大的气质女人，从经济到思想都是独立的，她傲然挺立的姿态，独立自信的神态，便是对气质最好的诠释。而一个情场上的"乞讨者"，总以跪着的姿态向男人乞求爱，无论她长得有多美，你从她的身上看不出有任何的气质。我们可以想象：一个女人习惯把爱情当成生活的全部，把一个男人当作自己的整个世界，无条件地依赖男人。等男人想要离开时，她用满是期待和乞求的眼神，等待着这个男人留下来，给她一点温暖和疼爱。任何一个人都不会从这样的一个举动中看出优雅和气质来。

那些在情场上处于弱势状态，把男人当成自己的依附的女人，总会不自觉地陷入一种"男人给你幸福，你就幸福了；男人不给你幸福，你就不幸福"的被动状态。这样的女人在男人那里，气场自然会变得微弱，甚至消失殆尽。试想，一个没有气场的女人，又如何有气质而言呢？

看看 Emma 的日子你就知道了。

当年 Emma 年轻漂亮，又多才多艺，吸引了很多异性的倾慕眼光，她最终嫁给了一位在某超市担任部门经理的男人。婚后，Emma 把全部的希望都寄托在丈夫身上，自己养尊处优地在家里做全职太太，但神仙眷侣般的生活没过几年，丈夫提出了离婚。

拿着丈夫的离婚协议书，Emma 悲痛欲绝，泪流不止："当初他费尽心机地追求我，我看他为人踏实，又很有才能，就答应嫁给他了。万万没有想到，他现在竟然和本行业的一个女部门经理交往，居然说要跟我离婚，所有明眼人都看得出来那个女人哪有我好看，我真不知道他是怎么想的……"

Emma 的遭遇实在令人同情，但她的丈夫似乎也满腹委屈："当初 Emma 不仅长得漂亮，多才多艺，而且特别独立，这正是吸引我的地方。可结婚以后她似乎把自己的一切都托付在了我身上，我说什么她就应什么，没有自己的追求了，而那位女部门经理虽然美貌次于 Emma，但她非常独立，别具一番滋味，我忍不住就被她吸引了……"

看到了吧，一个长期依附于男性的女子，姿态就会显得唯唯诺诺。这样的女子也许会楚楚动人，也许会娇弱可爱，但是始终不及独立的女性显得洒脱和优雅。要知道，气质是一种力量，当一个女人丧失了内在力量的时候，那她的气质便也不复存在了。

有气质的女人不一定是独立的，但是独立的女性却无一例外地因为拥有力量而总能散发出迷人的气质。一个女人只有与男人站在同一个水

平线上，你的气质才能充满魅力、具有震慑人心的力量，你才能获得一个男人真诚的爱，赢得真正的尊敬。事实上，几乎所有的男人都欣赏独立的女人，他们都渴望自己的妻子能有独立的思想与观念，成为一个与时俱进的知己。

那些爱情场上的气质女王深深地知道这个道理，所以，无论旁边有一个多么值得依靠的人，他们都坚持自己独立的人格，她们强大的气场会让男人清楚地知道，她们不止是男人的爱人，她们更是自己。

就读于某大学中文科班的吴美楠是一个长相普普通通的女孩子，在别的女孩子心怀"钓金龟婿"的愿望时，吴美楠却一心热衷穿梭于图书馆、健身房等场合。大学毕业后，吴美楠开始并不顺利，自己住在狭小的租房里，穿行于熙熙攘攘，有些乱、有些脏的闹市里，过着艰辛的日子。

"干得好，不如嫁得好。"有朋友这样劝说吴美楠，"大树底下好乘凉，你找一个有钱、有能力的男朋友不就可以了吗，干吗这样委屈自己呢？"吴美楠淡淡地笑了笑，态度坚决地回答："不！我要靠自己，女人独立才美丽！"

靠着自己的不断努力，五个月后，吴美楠终于如愿地找到了一份编辑工作。后来，她的稿子开始不断地在各大杂志、报纸刊登和转载。凭借出色的工作能力，三年半以后，吴美楠又当上了所在杂志社的主编。对此，吴美楠说："我一直都坚信，女人精彩的生活不是男人给的，而是必须靠自己的努力争取。"

令那些心怀"钓金龟婿"的女性朋友们羡慕的是，吴美楠的独立不仅为自己赢得了一番辉煌的事业，同时，还深深地吸引了一位和她同样优秀的男同事，两人喜结连理，事业互助、家庭温馨，吴美楠可谓事业、家庭双丰收。

是的，真正的爱情应该是彼此尊重，彼此独立和自由的。你们不是因为相互需要，而是因为相互欣赏、相互支持才站在一起的。你们不是为了禁锢对方，而是为了帮助对方在独立和自由中得到更有生命力的成长。超越攀附地位，坚持独立自主的女性难能可贵，气质也是最具诱惑力的。

所以，你若想在爱情场上获得主动权，要想将自己打造成气质女王，永远都不要泯灭自己的独立性，努力与男人站在同一个水平线上。当你能够拥有属于自己的一片天空，你还害怕这片天空下没有白云吗？

• 气质女人修炼法则

英国数学家、哲学家波特兰·罗素说过："自尊，迄今为止一直是少数人所必备的一种德行。凡是在权力不平等的地方，它都不可能在服从于其他人统治的那些人的身上找到。"

聪明的女人都知道，面对自己一心想要得到的就要下决心争取，面对自己不喜欢的就下决心放弃，当一个女人用自尊心来维护他人的懈怠，不低言谄媚，保持自己的个性，这时她便开出了属于自己娇艳的花朵，这个时候她独一无二的气质就绝世而独立了。

37. 你不是"福尔摩斯"，别在婚姻中上演"悬疑剧"

☆ 猜疑是感情的毒药，爱他就要信任他，因为信任是对一个人起码的尊重，没有一个男人愿意与不尊重自己的人在一起！

☆ 苏芩说："很多人的婚姻其实包含了多种元素：起初，是一部言情剧，而后是一部平淡的生活剧，再后来是一部惊险紧张迭起的悬疑剧，再再后来是一部热闹的武侠剧。"在偶像剧里，男的帅，女的俏，但往往眼泪成河，不伤心不动人；悬疑剧里，男的精干，女的聪明，但最后算来算去算计了自己。

在婚姻中，有这样一类缺乏自信，疑心重重的女人，总是担心丈夫情感移位或行为出轨，生怕哪天被丈夫遗弃，为了防患于未然，经常在婚姻中上演"悬疑剧":丈夫晚上回家稍晚,电话便追踪而至:"你在哪儿呢?"丈夫如实回答后,还会继续问:"怎么那么闹啊,是不是有女的在身边呢?"晚上到家,她一刻也不消停,一会儿查老公电话,一会儿盘问身边女职员的动向,一会儿说:"怎么闻到一股香水味啊?"一会儿又说:"别动,你头上有根白头发我给你拔掉。"其实只是检查老公衣服上有没有口红印之类的东西。在私底下,她还经常拜托老公周围的朋友:"我们的孩子还小,你们可要帮我看着他啊。"老公稍对她有所怠慢,她便雇人对其盯梢……不可否认,这样的女人是可悲的,更是可怜的,那种缺乏自信的猥琐的行为,以及骄横无礼的样子,即便脸蛋长得再漂亮,身材再性感,也毫无任何气质可言。

女人要明白,你不是"福尔摩斯",你的那些无休止的盘问和追踪,只会让你丧失掉一个气质女人该有的优雅,更会令身边的男人烦不胜烦。

当然,有一点是可以理解的:女人是凭感觉做事的动物,在社会中一般都处于弱势地位,一方面依靠男人,另一方面又不能够完全相信男人,对男人把握不准,遇到问题多问几个为什么,没有什么坏处,但是如果疑心太重,在婚姻中上演"悬疑剧",那就会让你丧失一个气质女人该有的尊严,更会令男人吃不消。爱人不疑,疑人不爱,多问几个"为什么"并不是错,但是如果心里有十万个"为什么"就是错了。

张霞是个十分优秀的女孩,丈夫也很爱她,但唯一让人无法忍受的是她的疑心太重,经常莫名其妙地猜疑她的丈夫。

一天晚上,丈夫和同事聚会到很晚,张霞突然打来电话气呼呼地说:"气死我了,你怎么一点也不在乎我呀,我都发短信告诉你我生病了,头痛得厉害,你怎么还不来看我!你在干什么呢?你那边怎么闹哄哄的……"

以丈夫对她的了解,这又是她在瞎想了,她一方面是想知道自己在背着她做什么事情,另一方面是想知道她在自己心中到底是什么位置。所以,电话中,丈夫用饱满、响亮的声音故意说:"大美女,生病了要多休息，与我煲电话粥哪能治好你的病呢。"

她就大发脾气，说一定在背着自己做什么坏事情，还说如果不"老实"交代，就要分手，弄得丈夫很是生气。

有时候，丈夫与女同事因为工作原因发个短信，张霞看到就会不依不饶，说他们之间肯定有"私情"；在路上与女性朋友打个招呼，张霞就会问东问西……这让丈夫觉得自己的生活到处充满了"危机"，每天都提心吊胆的，最后终于向她提出了离婚。

遇到张霞这样"福尔摩斯"式的女人，恐怕哪个男人都会被"累死"。这样的女人经常会因为男人的一点点小"问题"而吃不香，睡不着，血压升高，脾气变坏，为一个短信大动干戈，这种"神经质"的状态，除了能看到她脸上堆满的愁苦之外，哪有什么气质呢?

可以说，过重的疑心是感情的毒药，也是破坏女人气质的无形"杀手"。其实，很多时候，男人讨厌的不仅仅是女人对自己不信任的态度，更多的是这个女人有失优雅的行为。所以，女人在任何时候，都不要在男人面前扮演"福尔摩斯"的角色，更别在婚姻中上演"悬疑剧"，要对自己充满信心，这样的女人才是有气质的，才能招来男人的尊重和喜爱，才能奠定你稳定婚姻的基础。

• 气质女人修炼法则

猜忌心重的女人，内心是软弱无力的，是自卑的，对男人的忠诚没信心，也就意味着对自己没信心。所以，建立内在的自信是女人"疑心病"最好的解药。

女人，既然你选择了与他在一起，就要彼此真心对待，而不是随时随地地胡乱猜疑。你的猜疑会让男人觉得你对他已经失去了起码的信任，与你在一起又有何意义。这会将你的男人越推越远，最终得到的是比猜疑更撕心裂肺的痛。

38. 不做男人的"寄生虫"，创建自己的"独立账户"

☆ 女人如果把生活的难题都推到男人身上，如何才能站得稳当赢得彻底呢！

☆ 作家亦舒说过："女人经济独立，才有本钱谈人格独立。如果经济上依赖男人，就只能叹一句：出走以后，不是回来就是堕落。"

☆ 女人，无论何时，都应该像树一样站立。风和日丽时，从容地享受惠风的和畅，日光温暖为自己也为别人撑起一片绿荫；风雨来袭时，把根深深扎入大地，勇敢地抗击生活和命运的风雨。

有句话说："经济基础决定上层建筑。"女人要有自己的经济基础，一个靠男人养活的女人，无论她长得有多漂亮，你从她的身上都看不出任何的气质。的确如此，一个总是伸手朝男人要钱，做什么事情都依赖男人的"寄生虫"，时间一久，谁都会厌倦，任你有千般温柔，万丝情意，也不能阻挡男人对于这种"寄生"的厌恶。女人将自己完全地依附在男人的身上，男人衰则女人衰，男人荣则女人荣，男人若花心，女人则可悲。女人随意地将自己的命运押到了男人的身上，让自己失去了独立的价值。

俗话说："伸手要钱，矮人三分。"如果一个女人连养活自己的能力都没有，没有一个属于自己的"独立账户"，那么在年龄大了的时候，遭遇婚变，悲惨的人生就只能靠自己忍受了。任何经济不独立的女人都和"气质"二字沾不上边。你可以想象一下，女人向男人要钱的样子，手心朝上，目光里面充满了期待，口中近乎哀求地说"给点钱吧"，这样的女人怎么能说是气质的女人呢？有气质的女人应该是自己想要用钱的时候，不需要朝任何人要，当男人需要救济的时候，拿出钱递过去说

"你什么时候有，就什么时候还"。

白素琴再一次地跑出家门，一个人站在柳树下哭了。因为，今天爸妈又吵架了，而矛盾的主要原因是：钱。白素琴无法评定谁对谁错，但是却让她深刻地知道，女人必须要经济独立，只有经济独立才是更快乐地活着的资本。

前些天，姥爷生病了，每天都要跑到白素琴的家里输液。白素琴想起了早年，姥姥去世了，舅舅们都不愿意赡养姥爷，舅妈还对姥爷态度不好。姥爷一个人，即便是过年也不能和大家团团圆圆地在一起，孤苦伶仃。白妈妈就一直照顾着姥爷，白爸爸也没有说什么。

姥爷每一次来白素琴家，妈妈都会做很多好吃的给他，起初白素琴的爸爸还满面春风，但是时间久了，两个人就开始为这些事情吵架。白爸爸说："你就知道和你娘家人亲，把钱都给你娘家人花。"白妈妈听到这句话立马就反驳："我也为这个家付出很多啊，再说我孝敬一下老人，你至于这样吗？"白爸爸反问："我赚钱了，你挣钱吗？凭什么给你家人花？他没有儿子吗？"

后来的几次，白妈妈再也不会还嘴了，因为自己在家做家务，男人出去赚钱，只要说到钱的问题，白妈妈就一脸忧伤。因为舅舅们和舅妈们都没有照顾姥爷，白妈妈照顾姥爷却遭到了白爸爸的数落。白素琴虽然理解爸爸，也理解妈妈，但是白素琴想，如果妈妈自己能够赚钱，那么她就可以决定自己怎样花钱，爸爸也没有任何理由这样说她。

女人想要活得更加潇洒，就要摆脱"寄生虫"的角色，创建自己的"独立账户"。如果你只是每天围着锅台转，一遍遍地做着那些永远都打扫不完的家务活，将自己熬成了黄脸婆，你在生活中付出了，却仍然没有资格去花男人的钱。你花男人钱的时候，他依旧能够理直气壮地数落你，而你却找不到任何反驳的理由。女人为了自己光彩照人，不受男人的嫌弃，你就要勇敢地走出厨房，去努力地为自己赚取生活费。

· 气质女人修炼法则

女人在经济上不能够独立，那么必将受制于人，动摇自己在家庭中的地位。

一个靠男人养活的女人，本身就失去了自身的价值。

著名的魅力女人靳羽西曾说道："我认为女人最重要的是经济的独立。我现在最大的自由是，我可以从自己的口袋里掏钱买书、买我喜欢的衣服，这是女人最大的自由。现在许多年轻的女孩子需要什么东西的时候就对她的男朋友或爱人说我喜欢这个我喜欢那个，她们是不自由的。我以前曾经嫁过一个很有钱的男人，可是他没有给过我一毛钱。"

39. 责任，是"灰姑娘"变成公主的"水晶鞋"

☆ 松下幸之助说："责任心是一个人成功的关键。"对自己的行为负责，独自承担这些行为的哪怕是最严重的后果，这种素质正是构成伟大人格的关键。

☆ 陈婷说："每个人都希望有一瓶高雅的法国香水，它让你飘逸着芳香，每个人更应该有一颗责任心，它能铸造你坚毅的灵魂。"

☆ 朱小茜说："拥有责任心就拥有了善良，它需要觉悟，就像泥土中的种子需要阳光雨露的滋润一般。"

人内在气质的修炼，离不开责任心。关于气质和责任的内在联系，哈佛校长德鲁·吉尔平·福斯特认为，一个人拥有了责任，那是对生命有了领悟，如是人生是一本书，责任就是细细地品味这本书，不是死板，不是严肃，不是对自己的苛刻，这是一种认真积极的态度，是在对生命的敬重，有责任心的人是美丽的，是积极向上的，这样的特质就产生了让人崇敬的内在气质。由此可见，责任心是"灰姑娘"蜕变成公主的"水晶鞋"，女人如果缺乏责任心，哪怕她生得再美艳，身材再曼妙，气质却很难得到提升。

赫本是美艳且高贵的影后，但她依然去贫民窟，给他们带去快乐和希望，因为她觉得做自己力所能及的事是一种责任，是存在的价值。赫本的气质是公认的，她很美，美在外貌，但是她能被人们记住的更多的是她那颗善良的责任心，这便是气质！

林媛是一家公司动漫部的配音演员，由于患上了重感冒，一直在家休养。一天，当她无意间拿起工作日程表的时候，忽然发现自己就在今天有一个动漫人物的配音任务。但是感冒没有好，而对于一个配音演员来说，嗓子是最重要的。但是想到自己要配音的人物是很多人都十分喜欢的动漫人物，于是她主动打电话到公司，坚持站到自己的工作岗位上，继续配音。

第一集刚刚配完音，林媛回到家中就发现自己病情严重了，并且没有任何好转的迹象。在接下来的配音工作中，她继续奋战，竭尽全力地用自己的声音工作，结果还是在动漫播出两天后，引起了网友们的轩然大波。很多人都声讨动漫中人物的声音出现了违和感，结果导演急忙组织新闻发布会，说明了林媛的病情。

本来的声讨变成了网友们的关心，很多网友都写信祝福林媛早日康复，还有一些网友赞叹了林媛的敬业精神。导演一直担心此事会给动漫带来极差的评价，没有想到由于林媛的敬业，使得本来就很火热的动漫得到了更多的人气。

也许在人生奋斗的舞台上，每个人都有自己独特的本领，但是成功的关键还在于是否具有强烈的责任心。有责任心、敬业的女人是美丽的，即便在同性的眼中也是如此。敬业是一种职业态度，是一种使命，更是一种崇高的精神。思想家孔子称敬业精神为"执事敬"，朱熹将敬业解释为"专心致志，以事其业"。一个在事业中具备责任心的女人，

在生活中也一定是一位合格的妻子，是一位伟大的母亲，更是一个富有气质的魅力女人。所以，女人要修炼气质，一定要先穿上责任这双"水晶鞋"，它会让你蜕变成魅力十足的公主。

> **· 气质女人修炼法则**
>
> 社会学家戴维斯说："自己放弃了对社会的责任，就意味着放弃了自身在这个社会中更好生存的机会。"
>
> 爱默生说："责任具有至高无上的价值，它是一种伟大的品格，在所有价值中它处于最高的位置。"
>
> 英国作家毛姆曾说："一个对工作不负责的人，即使再有能力也都是'纸老虎'，紧要关头是派不上什么用场的，也甭想指望他能做好所交付的任务。"

40. 不做"提线木偶"，女人有主见才有气场

☆ 做女人就要努力做一个世界上最大的宝藏，里面装满金子钻石名画。而有思想有主见的女人本身便像是一座挖不尽的宝藏，给人惊喜连连。

☆ 情感畅销书作家陈保才说："没主见的女人往往容易被外界的因素所干扰，别人说什么就是什么，听风是风，听雨是雨，别人说什么，就信什么，不去调查，不去研究，不去弄清楚真相，就信以为真。因此造成了悲剧真是让人惋惜又痛叹。"

现实的生活中，漂亮的女人太多了，但是有主见的女孩却少之又少。智库女学者王莉丽说："女人，有思想才有气场。"这里面所谓的思想就是主见。一个没有主见的女人，就像一个空有躯壳的"提线木偶"，男人说什么就是什么，她从来都没有自己的意见。漂亮固然是女人的资本，但是倘若一个女人没有了思想，一旦过了保鲜期，就会变得不再迷

人，不再被人欣赏。而有思想、有主见的女人却不一样，即使不漂亮，但是有智慧和内涵，有气质和修养，依旧能够在这个社会上立足。

你可以想象，一个在生活中没有主见的女人是不会受到欢迎的。一个遇到了事情只会人云亦云，不知道该怎样解决问题的女人，在男人的眼中，毫无气质和魅力可言。"鞋子合不合适，只有自己知道"，别人的意见只能是个参考。女人一定要学会思考，别人的意见不是不能考虑，而要多加思考后再决定，如果别人的意见轻易地左右了你的决定，那只能是你的错。

生活中有思想的女人，她们的眼里透露着知识、文化和修养，她们让自己不从众，也从不把自己的价值观、人生观和世界观强加到别人的身上。而没有思想的女人，纵使她千娇百媚，有倾城的容颜也不过是过眼云烟，如流星般一瞬即逝。

《简·爱》中为我们塑造了一个拥有丰富内涵且有思想、有主见的知性女子，她的自尊和对光明、圣洁、美好的追求，打动了成千上万的读者。

在罗切斯特面前，她从不认为自己是一个地位低贱的家庭教师并为此感到自卑，反而认为他们是平等的，不应该因为她是个仆人，而不能受到别人的尊重。也正因为她的正直、高尚、纯洁，心灵没有受到世俗社会的污染，使得罗切斯特为之震撼，并把她看作了一个可以和自己精神平等交谈的人，并深深地爱上了她。

他的真心让她感动，她接受了他，而当他们结婚的那一天，简·爱突然知道了罗切斯特已有妻子时，她选择了毅然离开。她这样讲："我要遵从上帝颁发世人认可的法律，我要坚守住我在清醒时而不是像现在这样疯狂时所接受的原则。""我要牢牢地守住这个立场。"在爱情面前，她保持住了自己最理智的一面。在这样一种极为强大的爱情力量包围下，在美好、富裕的生活的诱惑下，她依然要坚持自己作为人的尊严和立场，这是简·爱最具有精神魅力的地方。

简·爱的形象影响了一代代的人，她那纤弱的躯体里蕴藏着巨大的能量和思想。她的内心是高贵的，是丰富的，从而表现出强大的生命力和人格魅力。时光流转，她的气质和魅力永不减退。为此，我们说，内在丰富的思想是女人的气质之本，这样的女人就像一朵清香的茉莉花，意味深远，令人回味无穷。

有气质的女人不会让别人的思想主宰自己的见解，女人的有思想也是对男人的尊重，当一个男人问你"吃什么"你的回答是"随便"的时候，男人这个时候才是最痛苦的，男人最讨厌听到女人说的就是"随便，吃什么都行"。当男人问女人，我们看电影要看哪部影片的时候，他们最讨厌听到的也是"随便，看什么都行"。因为男人希望自己和一个有思想的人在一起，而不是和空有躯壳的木偶在一起。

挪威剧作家易卜生说过："社会犹如一条船，每个人都要有掌舵的准备。"古代那么多女人之所以把握不住男人，在于她们不敢有思想，只做"三从四德"的女人，而今，社会中的女子有"半边天"之称，很大一部分原因是她们已经懂得了"有思想"的重要性。

> **· 气质女人修炼法则**
>
> 有思想、有主见的女人充满知性，眼光精明，绝不是小女子般的见识，她的悟性缘于其对生活和艺术的理解，她的气质缘于人格深层次的自然流露，她稳重、知性，周旋于人与人之间，应付自如，她是春天的柳枝，外表温柔，内心坚强。
>
> 每个男人都不喜欢自己娶到的只是一个花瓶，他们欣赏有内在的女性。一个女人只有有了思想，也便明确了什么是"自立、自信、自强、自爱"，这样的女人充满了"耐人寻味"的魔力，更让男人牵挂、魂牵梦绕，并在心中暗自呵护、遥寄绮思。

41. 放下"身架"，才能提升"身价"

☆ 放下架子，路才会越走越宽，因为架子只会困住你的手脚。

☆ 天外有天，人外有人，不要太把自己当回事。成功的人都是沉得住气，弯得下腰，抬得起头。

☆ 真正的骨子里清高的女人，是能够抵挡得住金钱诱惑的女人。

在生活中，我们经常能够看到这样的女人，她们表面清高，不愿意放下自己的身架，因为她们在心里面总是觉得自己很高贵，与那些看似低俗的人混在一起会降低自己的身价。然而，如此清高、不肯放下身架的女人，并没有如愿地修炼出她们应该有的气质，反而因为缺乏内涵而无定力。

著名畅销书作家曹又方说："有力量的人往往是温柔谦逊的。条件越好，越要温柔谦逊。"真正聪明的有气质的女人，从来都不会将自己放在高高的宇宙上，而是怀着谦逊的态度对待身边的人和事，因此，她们也能够获得成功。

当一个女人因为声名远播或者对不及自己的人摆出傲慢的姿态，这样的女人只会令人嗤之以鼻。无论你是一个多么了不起的人，不要看低你身边的任何人，要放低自己的身架，放下你的学历和家庭背景，让自己回归到"普通人"人中。不要总是喜欢用批评的眼光看待别人，人人都需要欣赏，每个人都有自己的优点。一个不愿意放下身架的女人，会因为其颐指气使的气质被人所厌弃，这也在无形中贬低了自己。相反，一个谦虚和气的女人，无论她的地位有多高，都会放低自己，以柔和去征服人心，从而在无形中提升自己的"身价"。

刘怡是深圳一家电子厂的高层管理人员，一次，她部门的一位女工在上班时不慎被轧伤了脚，刘怡知情后，马上派车把她送到医院治疗。女工出院之后，怕自己留下残疾而工作不保，便战战兢兢地又去找刘怡。听了女工的哭诉，刘怡说："你是在公司受的伤，将心比心，我十分理解你此时的心情。你放心，我们不但不会将你推出公司，还会根据你现在的身体情况，安排一些轻便的工作给你。"这番柔和的话语，如绵绵细雨，滋润了员工的心，使其感激涕零。全公司的员工获悉此事后，也分外地感动，他们怎么也想不到，如此高高在上的"高管"竟然如此善解人意，充满人文关怀。

懂得主动放下"身架"的女人，是富有人情味的，而这种人情味无形之中增添了她们的气质。她们在任何时候都会用自己的心去体恤对方的处境和心境，把别人的困难当自己的困难，让人心存感激之情。同时，她们在面对挑衅行为时，也不会以硬碰硬，而是会运用自己的智慧和口才，采取以柔克刚的战术去摆脱纠缠。

要知道，每个人都希望能够被别人重视，希望自己能够优于他人，因此，有些人就希望踩着别人来显示自己的高贵。其实，能够放下架子的女人才是真正有气质的女人，能够放下身架的女人，她的思想都是富有高度弹性的，不但观念不会刻板，而且能够收集到各种资讯，让自己抓到更多的机会。一个女人，即便是你有闭月羞花的容貌，才高八斗，但是如果你不能够放下自己的身架，是不可能抬高自己的"身价"的。

· 气质女人修炼法则

放下身架才可能有更多的人接近你，然后了解你并喜欢你。

任何时候都不要自恃清高，目中无人，这样的女人只会遭到人们的厌恶。

高雅的气质，源于充满智慧的头脑

> 女人的气质是骨子里所具有的，它是不需要如花似玉的美貌的，它也不需要昂贵的时装和精致的妆容，气质好的女人，就算相貌平平，也会彰显出特有的魅力，它犹如一杯清茶，时刻都能绽放出迷人清香。但是，智慧是女人提升气质不可缺少的养分。智慧于女人是博爱与仁心，是充满自信的干练，是情感的丰盈与独立，是冷静理智地审度万物，是在得与失之间求得的一种心态的平衡。

 ## 42. 就算不才高八斗，也绝不能腹中空空

☆ 世界永远都垂青于强者。对于一个女人来说，只有自己大脑丰富了，才能变强大，生活才会真正地对你微笑。

☆ 男人是你人生路上的一个伴，自己的路还是要自己走，要想这个伴不脱离自己的轨道，要记住不断地充实完善自己。

☆ 一个才华横溢的优秀女人，不仅仅能够拴牢男人的心，对觊觎者也是一种警示：女人都不太敢跟比自己强的女人抢男人，怕输，更怕丢脸。

女人高雅的气质，源于内在的智慧。一个富有智慧的女人，是达观的，是低调的，是温柔的，是娴静的，是口吐莲花的，这样的女人无论

走到哪里，都能散发出一种迷人的风采，让人沉醉、使人着迷。

对于女人来说，任何时候都是需要智慧的，而腹中空空的"白痴"，就算生得国色天香，也只是徒有一副空皮囊的"花瓶"，只会遭人蔑视和不齿。可以想象，当一个女人对你说，她去过哈尔滨，而从未去过黑龙江时，就算她生得貌美如花，你会觉得她有气质吗？不可否认，智慧是提升女人内在气质必不可少的因素。

职场上，腹中空空的"无知女"会因为缺乏自知之明而自毁前程，而有头脑的女人则会抓住机会，叱咤风云，令人刮目相看；在情场上，无知的女人不仅很难得到男士的青睐，甚至有可能会掉入爱情"陷阱"之中，而富有智慧的女人，则能够利用女人的特有优势掌握爱情的主动权，获得男士的宠爱。所以，身为一个女人，就算你不才高八斗，也绝不能腹中空空。那样只会增加你的俗气，降低你的吸引力。

梅琳与男友在一起已经三年了，在梅琳眼中，男友稳重、体贴，是个标准的好男人。然而，几天前男友却向她提出了分手，原因是男友觉得梅琳太无知。

梅琳住在市郊的一个小区中，多年来，她一直不断地在男友面前嘲笑对面邻居的太太很懒惰："那个女人的衣服，怎么永远也洗不干净。看，她晾在院子里的衣服，总是有些斑点。我真的不知道，她怎么把衣服洗成那个样子？我甚至有些忍受不了，几乎想到她家里去责问她为什么总是不认真做家务？"

有一天，男友终于听厌烦了，就到厨房拿了块抹布，将家里窗户上的污渍抹掉，对梅琳说："看，别人家的衣服是不是变干净了？是你懒惰还是人家懒惰？以后别再说了！"

平常因为一些极简单的问题，她都要大惊小怪：电脑出现一点小问题了，就对男友大呼小叫；工作中，经常因为乱说话，与同事发生冲突……而这些都是男友无法忍受的。

一个头脑简单的无知者往往是妄自尊大、目空一切、好高骛远的，这样的女人除了让人感到其是一个市井俗人外，让人感受不到她有任何的气质。同样，像梅琳那样的女人，带给男人的不是快乐，而只是无尽的烦恼。

另外，腹中空空的白痴女，还是一些心术不正的感情骗子所"垂青"的对象。电影《桃花运》中的葛优，为人体贴、稳重，使许多大脑空空的女人都承受了一腔真情遭背叛的"耻辱"，所以，在感情中，女人要想防患于未然，就应该未雨绸缪，多多充实大脑，练就一身能和男人过招的本领。

那么，如何才能摘掉自己头上"白痴女"的帽子呢？

要时刻学会反思自我、审视自我、把握自我。"吾日三省吾身"，反思自己的所作所为，所思所想，明了自身的长短优劣，不断矫正自己。

同时，平时要多花些时间来读读书，以充实自己。"腹有诗书气自华"，当你成为一个学识丰富、见识广博的女人时，无须刻意地装扮，男人也一定会为你的气质所倾倒。所以，要让自己更优雅，更具魅力，要想抓牢男人的心，还是远离那些虚幻的泡沫电视剧吧，多读些书才能让自己更具智慧。

- **气质女人修炼法则**

一些女人可能会说，在情场上，男人不是更青睐笨笨的"傻"女人吗？这话有一定的道理。在情场上，女人的"傻"的确可以征服男人。然而，这里的"傻"并不能与"无知"和"白痴"画等号。这里的"傻"是指女人在心爱的男人面前所表现出的低调、温柔和痴情，而并不是"什么都不懂"，不明事理的无知。无知的女人不仅缺乏自知之明，而且还不懂得男人，更不懂得如何去呵护男人，她们带给男人的不是感动、温情和怜爱，而是无尽的烦躁和不安。

43. 女人活出你自己，才能对得起你自己

☆ 很多女人天天在问：如何才能成为有魅力的气质女人？女人哪，取悦自己，便是最大的魅力。

☆ 史蒂夫·乔布斯说："你的时间有限，所以不要为别人而活。不要被教条所限，不要活在别人的观念里。不要让别人的意见左右自己内心的声音。最重要的是，勇敢地去追随自己的心灵和直觉，只有自己的心灵和直觉才知道你自己的真实想法，其他一切都是次要的。"

☆ 著名女诗人席慕蓉说："人的一生应该为自己而活，应该学着喜欢自己，应该不要太在意别人怎么看我，或者别人怎么想我。其实，别人如何衡量你，也全在于你自己如何衡量自己。"

在现实的生活中，我们经常听到女人说这样的话："我这辈子就指着我儿子了，要是没有他，我早就不活了。"还有女人对男人讲："你就是我的全部，没有你，我该怎么办？"女人为了孩子、为了男人，留给自己的空间越来越小了。当你听到一个女人在你面前说这些话的时候，你能够在她的身上看出任何的气质吗？女人总是关爱丈夫和孩子，反而遗忘了自己，将自己的一切全部都投注到男人和孩子的身上，这辈子，从来都没有想过自己也是一个人，而且是一个有思想、可以独立的女人。

当徐志摩下定决心要做中国第一个离婚的人时，这个决定伤害最深的就是张幼仪。在那样的一个年代，一个女人可以容忍丈夫三妻四妾，却无法忍受被丈夫休掉的事实，因为这是一种极大的羞辱。但是张幼仪并没有因此而一蹶不振，毕竟她是知识女性，面对如此巨变和打击，她反而脱胎换骨，由一个被遗弃的少妇，变成了强大的女人。从张幼仪离婚的那一刻起，她便开始了自己真正的生命，为自己而活。不可否认，这样的女人是气质十足的，是令人难以忘怀的。

刘巧儿是一个中年的妇女，每天的世界就是丈夫和孩子。她不辞辛劳，将家里面打扫得一尘不染，为了能够让孩子和丈夫都满足口味，一日三餐也尽量不重复。在很多老年人的心中，刘巧儿是合格的媳妇，周边所有的女人都应该以她为榜样。但是人到中年，却也是祸不单行。刘巧儿的孩子去了离家很远的高中，而刘巧儿的丈夫偏偏在外面有自己的相好。面对这种打击，刘巧儿每天以泪洗面，并找到丈夫讨要说法。

刘巧儿和周边的女人诉说着自己的遭遇，并称："没有孩子和丈夫，我以后应该怎么办啊？我这么多年为了他们而活，现在却要我受到这样的惩罚，怎么如此不公平？"当听到这句话的时候，邻居反问刘巧儿："谁让你为他们而活了，没有他们你就不活了？这个世界上谁没有了，地球都照样转。"听到邻居的话，刘巧儿瞬间感觉自己以前都不知道是如何走过来的，她站在镜子前看看自己，蓬头垢面，衣服也是多年前的老样子，虽然才四十几岁，但是看上去自己却像个老太婆。

刘巧儿在心里面不断地盘问自己，这些年，我都在做什么？怎么将自己变成了这个样子。再看看那些女人，和自己同龄，有的甚至比自己年龄还大，她们每天穿着时尚，打扮入潮。丈夫在不在家，她们都会一如既往地打扮自己。照顾孩子，也将自己照顾得很好，这才是一个真正的女人吧。

当生活中，男人对女人说，我不喜欢你长头发。女人就立即迎合男人，剪掉自己的长发。男人说我不喜欢你穿运动装，然后女人就依葫芦画瓢地穿成男人想要看到的样子，虽然这样自己穿着不舒服也不习惯。当男人和女人分开的时候，他却说了这样一句话"我还是喜欢以前真正的你"。女人不要为男人放弃自己的个性，不要以为"迁就"男人，男人就会爱你。事实上，恰恰相反，因为投入的越多，失去的就越多。女

人为了男人的一句话就失去自己，怎么会是气质女人呢？真正的气质女人有着自己的活法，能够活出自己，在自己的世界里焕发出精彩。

> **• 气质女人修炼法则**
>
> 如果你是一张白纸，没有人可以为你书写定义，只有你自己才有权利写出人生的意义。
>
> 聪明的女人懂得为自己而活，自尊、自强、自爱，这样的女人才能保持优雅的姿态，迷人的气质，不至于迷失了自我。

44. 在一笑一颦间都要带着"人情味"

☆ 好的交流者能产生出"亲和力"，这主要来自你的个性和你制造的融洽感觉。

☆ 那些能成功俘获自己喜欢的男人的女人们，总有些智慧的方法。她们不会学孟姜女千里寻爱，那样风险太大，她们总会在一颦一笑间添些"情"味，让对面的男人慢慢尝细细悟，而她们稳坐钓鱼台，等男人来追……这种女人、这种爱，是男人的最爱。

☆ 有人说："在两性交往中，女人独有的亲和力是男人快速被拿下的武器，这种亲和力叫作：尊重内心、不俗不媚、宽容随和、通情达理。"

真正有魅力的"气质女神"，总是充满人情味的。一个冷冰冰拒人于千里之外的女人，即便再美，也会因为缺乏人情味而让气质凝固，很难感染到他人。而相反，一个活泼开朗，在一颦一笑间都"人情味"十足，说话温文尔雅的快乐女人，总是富有气质，能让人产生喜爱之情的。很多人都知道女明星柳翰雅（阿雅），她看上去既不具有过人的样貌，又不具有高挑的身材，但是她却成为了很多人都心心念念的气质女神，原因是她总能用乐观和快乐感染他人。所以，让自己富有亲和力是提升女人气质的法宝之一。

"人情味"十足的女人，其在谈话的时候，总是用友善的口吻，脸上也经常保持着微笑。这样做不仅仅能够消除人与人之间的隔膜，还能够拉近彼此之间的距离。在人际交往中，具有亲和力的女人不俗不媚、宽容随和、通情达理，无论何时何地都是广受欢迎的。一个具有亲和力的女人，通常在交往中，能够主动示好，吸引周围的人，把自己身边的人都变成"自己人"，不仅仅能够消除对方的紧张和尴尬，还能够运用自己的幽默和亲和力，完全地将对方吸引住，成为他人心中的魅力女神。

丽莎是一家广告公司策划部的经理，近来，她感到工作压力很大。因为公司刚刚将一家汽车的年度广告交给她全权处理。为了能在预定期内完成任务，她要求策划部所有员工都必须打起精神，全力以赴。

当大家都在为工作紧张奋战、加班加点的时候，员工刘艳却依然懒懒散散，每天不仅找机会开溜，还经常迟到。丽莎发现后没说什么，只是微笑着说道："老天爷，你知道现在是什么时候吗？大家都焦头烂额了，你也能卖点力吗？"她的口气十分轻松，脸上洋溢着微笑。刘艳的脸微微地红了，不敢吱声，心想这下该挨批了。但是，丽莎没有发火，什么也没说就走开了。

第二天，丽莎主动找到刘艳，问她："家里是不是出现了什么事情，有什么需要帮忙的，尽管开口！"刘艳听后很是感动，并说明近段时间孩子的爸爸出差，孩子没有人接送，所以，经常会早退、迟到。丽莎给予了她安慰，刘艳深感愧疚，总是将工作拿到家中做，为策划出了很多好点子，使工作进展极为顺利。

丽莎女士亲和的态度，友善的口语表达，使她自然与员工打成一片，达到了很好的管理效果。亲和力就是放低姿态，平等地与人沟通交流，这是一种心与心的平等和互惠。所以，无论你身处于什么职位，手下有多少人，都不能失去人情味，否则，就会失去对他人的支持和尊重。

在与他人沟通中，富有人情味的亲和力是人与人之间的黏合剂。如果我们将要说的话比作佳肴，那么盛佳肴的餐具便是亲和力。可以想

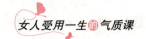

象，如果这器具总是脏兮兮的令人生厌，那么谁还会在乎其中的佳肴味道如何？

　　一个具有亲和力的女人，她在生活之中，人与人之间的关系必然是友好而和谐的。因而，她的内心是快乐的、富足的，那么气质也便自然而然地散发出来。所以，要想成为迷人的气质女人，从现开始在你的一颦一笑中再添些"人情味"吧，不久，你就会发现，无论走到哪里，都会收到他人和蔼微笑的回敬。

> **· 气质女人修炼法则**
>
> 　　女人的亲和力是一种"软武器"，但是却威力无比，它能够让男人为之臣服，更能够为女人的气质添加一剂猛药。
>
> 　　亲和力是一种能力，拥有亲和力才更具"人味儿"，才能给人更好的印象。

45. 穿最合脚的鞋，选择最合适的伴侣

　　☆ 聪明的女人在选择自己的伴侣时，不只看他能给你什么，更为重要的是，在你爱他、他爱你的同时，你能否爱上和他在一起的自己。

　　☆ 婚姻就是一双鞋，合不合适，舒不舒服只有脚知道。选择鞋时千万不要光在乎它好不好看，材质如何，更要看它合不合脚，称不称心，就算是双朴实的布鞋，只要它能让你的脚感到畅快，只要能让你一直走下去也不会痛，那它就是一双适合你的鞋，就是一双好鞋。婚姻也是如此，不要光看外在的容颜和物质的繁华，要看是不是心灵相通，是不是可以相伴到底，是不是可以相互扶持。千万不要因为一双鞋的外表委屈了自己的脚，脚永远比鞋重要。婚姻也是如此！

　　对女人来说，一生最为重要的事情，莫过于对婚姻的选择。有人

说，婚姻是女人的第二次投胎，跟什么样的男人在一起，就等于选择了什么样的生活。男人之于女人，就像环境与植物。一位好男人，其宽阔的胸襟，博大无私的爱，能使女人激昂澎湃，焕发出生命最原始的能量，不仅爱自己还兼爱全世界。而一个糟糕的男人，其心胸狭隘，薄情寡义，能使一潭春水凝固成寒冰，让一个好女人变得狭隘、阴沉。什么样的男人造就什么样的女人，所以，真正有气质在婚姻问题上能够保持沉稳的女人，她们十分清楚自己究竟需要什么，什么样的男人最适合自己，能够祛除浮躁，幸福地过一辈子！

很多时候，婚姻就像穿鞋一般，是否合脚只有自己知道。其实，幸福的婚姻是没有固定的模式的，聪明的女人在进入婚姻之前，一定会先了解自我，然后选择适合自己的，而非最好的。

现实中，很多女子都有极强的虚荣心，都想找一个条件好的男人，这样才能在别人面前显得有光彩。而这样的女人似乎忘了，过得幸福与否，并不在于物质的多寡，关键在于两人是否和谐。要明白，你的婚姻并不是展品，你所选择的男人，是你未来孩子的父亲，父母的女婿，你自己的爱人，执子之手，一直到白头的那个人，这些东西都是没法给别人看的。其实，这也像到商场买衣服一样，许多女孩子都喜欢华丽的衣服，难道所有的衣服都要狂购回家吗？真正有品位的气质女人一定知道哪些衣服是适合自己的，对于选择伴侣也一样。

张晴是个相貌靓丽的女孩子，而且也有极强的工作能力，身边不乏追求者。但是，张晴对于选择丈夫的事情很是谨慎，她明白什么样的男人最适合自己。

董雷和晓刚都是张晴的大学同学，工作后，都对张晴展开了追求。董雷相貌平平，收入中等，但却细心、体贴，而晓刚则外形帅气，收入丰厚，是典型的事业型男性。周围的朋友都劝张晴选择帅气而富有的晓刚，但是，最终张晴却接受了董雷，与董雷步入了婚姻的殿堂。

张晴觉得自己在生活中是个粗心大意的人，经常会为了工作而废寝忘食，她很是渴望自己身边能有个像董雷那样细心、体贴的男人来照顾自己和关心自己，董雷给的这份温暖正是张晴所渴望的。至于晓刚，虽然外形帅气，家境富有，但是张晴却觉得并不适合自己。同事问她为什么，她这样说道："男人有财，不可能养自己一辈子，帅气才气，不可能炫耀一辈子。我未来的丈夫是拿来过日子的，而不是拿来向他人炫耀的。所以，我不会找帅也不找富，我要找个能包容自己的，懂得体贴自己的人。如果不能够包容自己的情绪和缺点，就算条件再好有什么用呢？其实，最好的日子，无非是你在闹，对方在笑，如此温暖地过一生。"

有人曾说，真爱就是当你知道对方不是自己所崇拜的人，而且还明白对方有着某一种缺点，却依然选择对方。任何一段美好幸福的婚姻，都不能缺乏一样元素，那就是包容，能够包容自己的，便是适合自己的。这是获得幸福和快乐的基础。为此，要做有智慧的气质女人，在进入婚姻之前，一定要了解自己是谁，自己最想要的是什么，你对生活的渴望是什么，你与对方的结合是否能让婚姻保持和谐，等等，这些都要考虑清楚，否则若一味地追求虚荣，可能会让自己遍体鳞伤！

· 气质女人修炼法则

一般情况下，女人在进入婚姻之前，一定要对对方做好两方面的评价：

· 你们的精神生活有默契吗？你们在价值观上有认同感吗？他的气场是否罩得住你，能否让你有一种精神上深刻的依恋？面对这些问题，你毫不犹豫地回答"是"时，就说明你们基本上是合适的。

· 你们的社会生活是否能够相互融合。女人要明白，恋爱是两个人的事情，而婚姻则是两个社会群体的事情。最好的婚姻就是相互间的巧妙融合，认同彼此的圈子，喜欢彼此喜欢的人，接纳彼此间的朋友以及彼此的家人。

46. 想品尝"众星捧月"的感觉，那就学会幽默吧

☆ 作家王蒙说："幽默是一种酸、甜、苦、咸、辣混合的味道，它的味道似乎没有痛苦和狂欢强烈。但应该比痛苦和狂欢还耐嚼。"

☆ 幽默的女人，善于制造轻松愉快的氛围，她如同一只八面玲珑的小鱼，优雅迷人、人见人爱。

☆ 美国著名大众心理学家特鲁·赫伯说过："幽默是一种最有趣、最有感染力、最具有普遍意义的传递艺术。"

如果一个女人，才华横溢、美貌出众，但是却十分的严肃，完全不具备聪敏幽默，那么这个女人就相当于一朵漂亮的鲜花，但是却没有芳香一样，有形而无神，那么看上去的感觉就差多了。如果说一个幽默的男人讨女人的喜欢，那么一个幽默的女人也会很受人欢迎。幽默的女人是智慧的，是那种即便经历了尴尬和挫折，仍然能够保持一份乐观、自信，绝不轻言失败的生活态度，这样的女人，是积极向上的，也是富有感染力的，当然也是气质十足的。

懂得适时幽默的女性，在社会交际中散发出独有的魅力，会让他人情不自禁地向她靠拢，也许没有华丽的外表，也许没有魔鬼般的身材，但是她们能够运用幽默的语言，让自己成为众人的焦点。如果说你想品尝"众星捧月"的感觉，那就学会幽默吧，它是增强你吸引力的"神器"。"幽默属于乐观者"，一个心胸狭窄、思想颓废的人不会是幽默的，也不会有幽默感。所以，一个幽默的女人必定是大度、开明和乐观的人。可以说，女人拥有了幽默的气质，便有了两方面的统一：天真的形式，理性的内容。因为形式是天真

的，使它具有儿童般的情趣，可爱又可亲；因为内容是理性的，则又富有哲学意蕴，令人深思，意味隽永。

秦秋凤是寝室的寝室长，下班之后接到通知，明天主管要来员工宿舍检查卫生。为了能够让大家快速地打扫完寝室，她分配了任务。八位员工要平均分担，每个人都要做一些工作。本来这是无可厚非的，结果却没有想到有四位调皮的员工不同意，她们说："你们睡下铺的，消耗少，随便就能躺下来，而我们爬上铺的人却要爬上爬下，所以，睡下铺的你们应该分担更多搞卫生的任务。"

听到这句话，住在下铺的几个员工有些不愿意了，秦秋凤看到大家有不好的情绪产生，立马上去调侃说："睡在上铺的员工的这个意见可以考虑，那么住下铺的就扫地板，住上铺的就扫天花板吧。"话音刚落，睡在上铺的人很得意，而睡在下铺的人却不是很高兴。但是这时，秦秋凤继续补充说："但是我有一个疑问啊，你们能否考虑一下？"听到她的疑问，上铺的人都问她："什么疑问啊？"秦秋凤说："以后走路怎么办，是不是住下铺的就走地板，而你们住上铺的就要走天花板啊？"听到她的这句话，住上铺的员工羞红了脸，而下铺的人却开心地笑了。

幽默能够更好地解决尴尬，同时幽默也能体现出一个女人的可爱。幽默的出发点一定要是善意的，不要语带讽刺，更不要以嘲弄别人为基本点。另外，幽默的语言切莫庸俗、轻浮，这样只会起到相反的作用。幽默的魅力，仿若空谷幽兰，你看不到它盛开的样子，却能够闻到它清新淡雅的香味。幽默能够为女人的魅力起到锦上添花的作用，气质的女人一定都不会拒绝幽默的特质。美国著名作家拉布说："幽默是生活波涛中的救生圈。"一个幽默的女人会如众星捧月般，将身边的朋友一同聚集起来，成为人人称赞的智慧女人。

· 气质女人修炼法则

如果你没有美丽的容颜，但是你却是一个懂得幽默的人，那么你必然是一个受欢迎的女人。

幽默的人拥有更多的好人缘和更宽的交际面。

英国的思想家培根说："善谈者必善幽默。"幽默的女人吸引力在于，话不须直说，但是却能够通过曲折含蓄的方式，让人心领神会。

47. 气质女人，连吵架也能吵出甜蜜来

☆ 作为丈夫，讲话时既要学会投"妻"所好，又要能攻"妻"不备。作为妻子，要能三句话钓住你的爱人，牵着爱人的感觉走，巧言迷住爱人心。

☆ 说话实在是一门艺术。说得好可以救人，说得坏则可以杀人。许多女人都以为结了婚，一家人了，当然就可以畅所欲言，想说什么就说什么。尤其是在吵架时，逞口舌之快的后果就是丈夫早已和你同床异梦，你还压根儿不知道错在哪里。聪明女人在吵架时，会尽量控制自己的情绪，讲求说话艺术，让吵架变成感情的催化剂。

有人说，在这个世界上，即便是最幸福的婚姻，一生中也会有200次离婚的念头和50次掐死对方的想法。俗话说，不吵不闹，不是夫妻。夫妻两人在一起长久地生活，吵架、斗嘴在所难免，但是，吵架有时候也是一门学问。有智慧的女人在与丈夫发生冲突时，不会像泼妇那样摆出"一哭二闹三上吊"的架势来，更不会满口污言秽语。相反，她们会利用语言的艺术或者是女性独有的优势让吵架变成一场夫妻间的打情骂俏。这样的女人是宽宏大量的，是有气量的，也是富有气质的。

张漪和丈夫刘涛的感情算是比较好的，但是有时候也会发生这样或那样的冲突或者争吵。但是聪明的张漪每次都能在斗嘴中斗出感情来。

　　一次，刘涛拿异地银行卡取钱，在一旁的张漪说了声："你拿本地卡不行吗？异地卡手续费都要花不少呢？"丈夫刘涛当时心情不太好，听妻子如此一说，竟然感觉她侵犯了自己的财务自由。于是，脾气就来了，语气强硬地说："所有的钱都是我赚的。"

　　张漪脾气也上来了，接着说："老娘没生孩子前，不也是每天都起早贪黑的吗？哪天工作不是长达 12 小时以上？难道在家带孩子不需要花费时间和精力吗？"张漪恨恨地回嘴，予以反击。

　　听罢，丈夫刘涛便气愤出门了。张漪在家里暗自垂泪，想起这几年的辛苦，感到委屈极了。

　　到吃晚饭的时候，刘涛回来了。可能是饿坏了，看到桌上有好吃的，来不及洗手就拿起筷子往嘴里扒饭。张漪起身，俏皮地挡住碗，说："这顿饭的劳务费就算十块钱吧，很便宜的，因为是长工，就当批发价了。"说完，伸出手让刘涛掏钱。这时，刘涛才意识到自己的错误，便不好意思地向张漪道歉："我只是说我从来没有乱花钱呐！老婆，你手艺渐长了，这饭菜还真香！十块钱怎么够！"说完把口袋里的钱包、银行卡全部放到张漪手中。张漪忍不住笑了，坐在她旁边的刘涛，一边吃饭，一边给她夹菜。那种甜蜜，可真是让人美慕。

　　像张漪这样有涵养、有智慧且俏皮可爱的女人，谁能说她没有气质呢？这样的女人，总能大度且幽默地消矛盾于无形，是可爱且又可敬的。她们在吵架的时候，除了巧妙地运用语言艺术，而且还会运用幽默感，比如做鬼脸、吐舌头、说几个只有两个人才能听得懂的秘密笑话，用幽默的方式把彼此的情绪冷静下来。而且，她们在吵架的时候，遵循感情至上的原则，有时候会耍个赖、撒个娇，床头吵架床尾和，愈吵愈甜蜜。

　　总之，夫妻或恋人间，彼此相爱，就应该宽容对方，原谅对方，理解对方，不要给生活带来太多的噪音，实际上偶尔来一些杂音，斗斗嘴，出出气，训训人，反而会让恋人的生活更加甜蜜，让彼此之间的感情更加深厚，这是因为平淡的生活需要一些刺激来调味，让生活充满更多的滋味。但是斗嘴的时候，要根据彼此之间的性格特点，把握住一个度，不能伤害到对方的自尊，说一些侮辱人的话，更不能揭对方内心的伤疤。

> **• 气质女人修炼法则**
>
> 聪明女人在吵架时，一定坚持这样的原则：
>
> • 不要说伤害对方自尊的话
>
> • 要留心对方的情绪变化：面对心情不好的恋人，我们斗嘴就要有所注意，尽可能顺着他的情绪。
>
> • 说话时要把握好感情的深浅：谈话有一个总的原则——浅交不可深言。
>
> • 斗嘴时别提过去。

 ## 48. 抽烟喝酒并不是时尚的"代言者"

☆ 吸烟、喝酒并不是时尚的"代言者"，没有人会喜欢和尊敬一个酒桌上的泼妇。

☆ 一个女人，最致命的吸引力，源于她懂得如何做一个真正的女人。当一个女人总爱重复男人的行为时，那么，也就意味着她失去了吸引力。

☆ 对于女人来说，并不是学会"完美"，就会有一个完美的人生；并不是学会时尚，就会有一个时尚的未来。

抽烟、喝酒本来是男人的行为，但现在生活中，有一些女孩子，认为抽烟、喝酒是个性，是时尚的代言，于是，看到男人抽烟，自己也会装模作样地来一根，男人拼酒，自己也参与其中，和男人推杯换盏、喝五猜六，喝得醉醺醺的。可以想象，这样的女人即便真是时尚的尤物，也不会有气质可言的。同时，这样的女人，可能会令男人叫好，但是，那些为你叫好的男人中，却没有一个愿意娶你回家做太太的。

要知道，一个本分、踏实、贤惠和朴素的女人总比一个抽烟成瘾、酗酒成性的女人要受欢迎得多。生活中，抽烟、喝酒的女人是有，但是她们将它们看作是对生活的一种点缀，一个人寂寞时，偶尔抽支烟，餐前饭后陪老公喝两杯的女人也是可爱的。但是如果将抽烟喝酒看作是个性、时尚的代言者，那就会有失女人的优雅，这样的女人是很少受到男人青睐的。

日本的女人是世界上公认的最佳的老婆形象，我们很少见到她们吸烟或酗酒！即便是日本的艺妓，也很少有吸烟喝酒的。无论在怎样的情况下，她们都能展现给男人最优雅的姿态，这样的女人难免让男人心生爱怜。而一个会吸烟喝酒的女人，会让男人联想到古装片里那些行走江湖的女侠，尤其是酒量了得的女人，男人对于这样的女人很难生出太多的怜爱，面对一个比自己能多喝大半瓶二锅头的女人，再强的男人也得泄气！

漂亮的林玲爱上了志强，平时对他百依百顺，很想成为他的妻子。可志强却只将她当成一个朋友看待。大半年过去了，两人的感情没有任何进展。林玲不仅喜欢喝酒，也经常抽烟，每次都喝得烂醉，然后志强就总是送她回家。

志强的朋友就问他："林玲如此优秀的女孩，为什么不娶她呢？"

志强如此这样说："一个爱酗酒、抽烟的女人，其内心一定有暴戾的一面。我喜欢贤淑的女人，酒桌上面要讲仪态与修养，我几乎不能够想象一个酗酒、抽烟的女人与我生活在一起。并非我的思想太过封建，太过保守。酒和烟能够解一时之愁，但又不能为你解决实际的问题。相反地，还会给你带来更多的麻烦与烦恼。多少人借酒之名，做出了许多荒唐的事情。一滴酒，可以大过个海，一瓶酒则可以淹没整个世界，我宁愿一个女人在外拼命地骂人，将自己哭成个泪人，也不能够忍受其酗酒。酗酒的女人太可怕了，娶回家也难养！"

听听，这就是男人的心里话，我们相信，没有一个男人愿意将一个酗酒、吸烟成性的女人娶回家做老婆的。所以，一个聪明的女人得学会适当地控制自己的酒量。即便是在外应酬，可以略微显一下"英雄"气概，但是要面对心爱的男人时，最好还是矜持一些的好，不要吸烟，同时，喝酒的时候，在适量的时候装醉才是上策。让他送你回家，也许他喝得比你还高，比你还脚不着地，但是在第二天醒来时，一定不要忘记娇羞地向他表示感谢，说自己酒量实在不行！当一个女人愿意在酒桌上输给一个男人时，就会让男人觉得你是个值得疼惜的"小女人"；而当一个男人在酒桌上输给一个女人时，那也是很没面子的事情！这样的女人谁还敢回头来追呢？

• 气质女人修炼法则

女人要提升气质，想聚万千宠爱于一身，还是先改变自身的一些坏毛病吧。吸烟、喝酒不仅会让女人丧失优雅，而且，它们对健康的危害也是极大的。吸烟成瘾的女人极容易发生宫外孕，经常喝酒也会影响女人的生育，甚至还会危及下一代的健康。所以，如果你是个吸烟、酗酒成性的女人，为了你的健康，为了你心爱的男人，还是快快戒掉吧！要知道，吸烟、喝酒并不是时尚的代言，而是毁掉你幸福生活的一个杀手！

49. 批评要讲求"三明治"策略

☆ 不要直接告诉一个人"你错了",除非你并不打算让他改正。

☆ 卡耐基说:"你赢不了争论。要是输了,当然你就输了;如果赢了,你还是输了。"

☆ 荀子说:"与人善言,暖于布帛;伤人以言,深于矛戟。"用语言去伤害他人,毫不顾忌他人的面子,最后只能是给自己添加敌人,对自己的人生没有任何的益处。

个性温婉的女子有一个特性:在他人犯错时,她不会趾高气扬地马上说:"你错了!"她最懂得给人留面子。中国有句老话叫:"人活一张脸,树活一张皮。"学会为他人保住面子,是气质女人的一条基本原则。而那些得理不饶人,喜欢给别人挑毛病的女人,遇到类似的情况,往往开口便是,"早跟你说,你这样做是错的,你怎么回事"、"你自己把事情搞砸的"。这种带"刺"的话一出口,谁听了也不会痛快的。纵使这样的女人长得再漂亮,穿得极得体,在别人眼中仍旧是一副刻薄丑陋的形象,毫无气质可言。

刘兰是一位职业女性,因为形象可人,经常被公司派去外地出差,所以,平常很少有时间去哪里游玩。虽然她休息时间不多,可一手高尔夫球打得非常好,在业余时间,很多同事都想请她当老师给予自己指导。

有一次,大家终于都有时间,于是约定去高尔夫球馆打球。很多同事其实也是初学者,球艺自然不行,大家看见刘兰打得那么好,纷纷让她出面指导。出于好心,她便当起教练来。但是,打球过程中她一会儿说人家"真臭",一会儿说"你这人看起来挺精明的,怎么学打球这么笨。脑子是不是进水了，你这样的姿势是错误的，刚不是讲过吗"。光在指责对方的不是，球技倒没有教导多少，气得很多同事也开始不客气地说："你说话可不可以含蓄点？""什么含蓄，你笨就笨嘛，还不让人说了，真是的！"

可以想象，像刘兰这样的女人，即便形象可人，但你能感觉到她的内在气质吗？一句尖刻的话可以让一个女人的优雅气质瞬间消失。一个有智慧的女人，说话一定是讲求技巧的，尤其是在批评的时候，惯用"三明治"式的策略。关于此，美国著名企业家玛丽·凯在《谈人的管理》一书中说道："不要只批评而要赞美。这是我严格遵守的一个原则。不管你要批评的是什么，都必须先找出对方的长处来赞美，批评前和批评后都要这么做。这就是我所谓的'三明治策略'——夹在大赞美中的小批评。"也就是说，在批评之前，先要去打消被批评者的顾虑。将批评夹在赞美之中，在肯定成绩的基础上再进行适当的批评，一定能收到较好的效果。

很多时候，我们批评别人的目的是教育，是为了让别人认识并改正自己的错误，而不是制服别人或者把别人一棍子打死，更不是为拿别人出气或显示自己的威风。所以，要做有涵养的气质女人，绝不要在公共场合或当着第三者的面批评别人。同时，在批评的时候，最好先肯定一下别人的优点或者长处，即采用"三明治策略"，前面和后面是赞美，中间加着轻微的批评，这是让人保全面子的最好方法。

高明的女人在批评时，会逐渐让对方进入正确的意识，诱导启发对方进行自我批评，这样就不会出现尴尬的场面，还能让别人改正自己的错误。比如说："你回答得很好，如果能再举出两个事例来说明一下就更精彩了！"切勿用太过刺激犀利的语言点到批评者的要害，含而不露，缓解对方的紧张情绪，启发批评者的思考，才能达到教育的目的。同时，还可以用一种令人愉快的、迂回的方式巧妙地批评对方，不仅气氛轻松，还保护了对方的自尊心，也保护了自己的名誉。

总之，女人一定要学会大度，能宽容的尽量宽容，不要反应过激，显得小肚鸡肠。如果真的不能忍让，可以在言语措辞上稍微柔和点，不要令人难堪。唯有把话"说好"，说得漂亮，才能时刻保持一副美丽的尊容。

> **· 气质女人修炼法则**
>
> 　　如果想要批评，最好先给对方赞扬，最后还能给一些鼓励。
>
> 　　不要用语言去刺伤一个人的自尊心，语言利如匕首，只会让你成为一个不受欢迎的女人。
>
> 　　不要咄咄逼人，要学会给别人留退路。

50. 赞美是提升气质的"神丹妙药"

☆ 林肯说："人人都需要赞美，你我都不例外。"

☆ 列夫·托尔斯泰说："称赞不但对人的感情，而且对人的理智也起着很大的作用。"

☆ 美国心理学家威廉·詹姆斯说："人性最深切的渴望就是渴望他人的欣赏。"

在这个世界上，有什么样的灵丹妙药能够让一个人喜欢自己，有了这种药，只要一点点，其惊人的效力就让人颇为震惊，这种药应该是赞美。一个懂得赞美的女人是聪明的女人，一个能够赞美的女人也是大气的女人。但是赞美并不是一味地说好话，这种赞美只会让人觉得你在溜须拍马，只会降低自己的气质，没有任何的好处。赞美就犹如煲汤，火候是关键。什么是赞美，怎样的赞美才能起到神奇的效果？所谓的赞美就是带有赞誉性、激励性的语言。它不仅能够满足人的听觉需求，更能够给人带来实际意义上的帮助。

一个懂得赞美的女人，能够帮助他人建立自尊心和自信心，因为赞美具有着神奇的力量，有时候人的一句赞美能够改变一个人的一生。女人在与人交往的时候，适当地赞美别人是有礼貌、有教养的表现，不仅可以获得好人缘，而且还可以使对方在心理和情感上靠拢，缩短彼此间的距离。俗话说："良言入耳三冬暖，恶言出口六月寒。"女人想要长久保持自己的吸引力，就要不时给对方两三句赞美之语，这是你胜在气质的绝佳处方。

佳颖和男友二陶一起去见他的朋友，在二陶的心里面，朋友如烟是一个特别大气、美丽的女孩子。经常听到男友夸奖这个女人如何的好，佳颖感到十分的不痛快，莫非这个女人真的有什么特别的地方，让人一见面就喜欢吗？

见面之前，佳颖特意打扮了一番，因为不想输给那个叫如烟的女人。看到女友俏丽的打扮，二陶有些摸不着头脑。见面的那一刻，佳颖被眼前的这个女人震惊了，没有倾城的容貌，也没有像样的身材，到底哪里吸引人了呢？

见到佳颖，如烟就快步地走上去，眼睛里充满了光芒，不由得说道："好漂亮啊，你好，很高兴认识你！"然后向佳颖伸出了手。听到如烟的赞美，佳颖感到心里十分地得意。接下来大家坐在餐桌上吃饭，看到佳颖吃饭的样子，如烟感叹道："美女就是美女，和我们这样的女人就是不一样，看美女吃饭都是一种享受，而我只会狼吞虎咽。"

收到了一连串发自内心的溢美之词，佳颖的心情十分好，再看看身边坐着的如烟，瞬间也不觉得她一般了，而是有些喜欢，还很希望她能够再说出一些好听的话来听听。

心理学家表明，每个人在潜意识当中，都喜欢听到赞美的话，都渴望得到别人的赞美。当受到他人的指责或者批评的时候，就会产生抵触情绪。所以，懂得赞美的女人是聪明的女人，同时也是受欢迎的女人。赞美是一种正能量，能够给对方心理满足，懂得赞美的女人，才是"给人面子"的高手。赞美是人性中最强烈的欲望,任何人都不会对别人的赞美不开心,只要把握好赞美的火候,你的赞美就是一种"灵丹妙药"。赞美能够提升一个女人的修养,提高女人受欢迎的程度,更能提升女人的气质。

· 气质女人修炼法则

赞美他人,用心去浇灌他人心中的花园,那么自己的人生也会得到美化。

适宜的赞美不仅仅能够改变人际关系,而且还可以改变一个人的精神面貌和情感世界。

马克·吐温说:"一句赞美的话,能当我十日的口粮。"

学会淡定：静若清池，动如涟漪

　　最美丽的气质女人，并不是最漂亮的，也不是最聪明的，而是那种从容淡定的女人。兰秀深林，不以无人而不芳。每一个真正美丽有吸引力的女子，都有幽兰般的静雅。她们静若清池，动如涟漪，无论在什么样的境遇下，都能保持优雅的姿态，给人以平静和安定，让人不得不想与之亲近。

　　淡定的女人如秋叶般静美，淡淡地来，平静地去，温雅地与人相处，给人以宁静，并且她们还活得简单而有味道。正所谓落花无言，人淡如菊，是人生难以企及的一种境界。要做有气质的女人，内心必然是淡定的，它能让女人在长久的岁月中始终以优雅的姿态安然地行走。

51. 沉静，是一种最动人的气质

　　☆ 真正的力量，来自内心，是一种由内而外的沉静与自信。即使不言不行，自有一种动人心魄的气势。

　　☆ 沉静的女人，必有一颗淡然的心，面对人世纷杂，她们总能从容地应对花开花落，纵然自己深爱一场，也可以做到平静地别离；纵使爱到深处，也不肯热烈地拥抱甚至将自己燃为灰烬。她们不会将自己置于落魄的境地，在任何时候，她们都足以让自己优雅地行走。

　　☆ 懂得安静的男人，总能获得女人更多的青睐；懂得安静的女人，总是更容易让男人生出爱慕的心，这就是所谓内敛中蕴涵的力量。

热情可以帮你拓展人际，孤静能让你沉淀内心。有些成功者有蓬勃的爆发力，但有大成者，内心中，总会有股安然的静力。可见，沉静是一种力量，并且是能让人挥发强大气场的力量。生活中，内心沉静的女人，给人的是一种遗世的安静与优雅的美。那种涤尽了世间铅华，看穿红尘人情冷暖的非凡美丽与惊心情怀，让她们如开在广漠尘世里的一支幽兰，尽管有过惆怅与失意，疼痛与遗憾，但仍能保持清绝的姿态，在日光下冷静地观人情冷暖，在月光下安然地静守光阴流逝，不受一丁点人间烟火的熏染，只携一抹清淡的幽香轻轻走过浮世流年。这样的女人散发出来的气质是最动人的。

有一个记者采访一位著名演员："在喧闹的人群中，你会选择什么方式引人注意？"这位演员说："我会选择沉静地坐着。"是的，沉静地坐着，沉静地微笑，沉静地站在世界的面前，这种沉静所流露出来的自信、端庄、高贵是很能引人注意的，是很有穿透力的，它足可以让人在喧哗中停下来。可见，沉静是一种极富吸引力的力量，能让女人在瞬间气质和魅力大增。

张敏是个优雅的沉静女人，尽管相貌平平，着装也不名贵，也不佩戴任何名贵的首饰，但无论她走到哪里，都会成为众人中的焦点。

一天，张敏受邀参加一场宴会。宴会上的人有很多，她在一个较偏僻的位置上坐了下来。这时，衣着华丽的刘晓和安娜走了过来，张敏友好地冲她们微笑。刘晓和安娜一向高调，总爱在人前显摆自己。安娜看了张敏一眼便说："张小姐，难道没有人请你去跳舞吗？我们两个可是被邀请跳了两支舞了，好累啊！"张敏听罢，只是笑笑。

刘晓接过话说："我觉得，你该买件像样的晚礼服，你身上的这件衣服看上去很旧了啊，早过时了吧，而且它跟你的气质毫不相符啊。在这种宴会上，穿得不漂亮怎么能吸引男士的目光呢？"张敏继续沉默，只是微笑。

"哎哟，你的脖子也是空空的哟，该佩戴一些像样的首饰才对。"安娜一边说，一边摸着自己脖子上那条珍珠项链。就这样，张敏始终都保持微笑。她觉得，只要她们两个人说累了便自会停下。

就在这个时候，宴会上最优秀的男士朝她们走了过来，刘晓和安娜激动不已，嘴里不停地叨念着："你看，帅哥向这边走过来了……"可她们没想到，这位男士却把手伸向了张敏："美丽的女士，我能请你跳支舞吗？"张敏微笑着把手伸向他，说道："当然！"

张敏回过头向刘晓和安娜一笑，说："不好意思，我先失陪了。"接着，她便和那位优秀的男士步入了舞池，而站在他们身后的安娜和刘晓却气得直跺脚。

由此可见，沉静是一种美丽，一种积蓄，一种内质，一种深刻，更是一种文明，一个沉静的女人，是有修养和有内涵的，她们流露出来的气质是最富有吸引力的。所以，女人要提升自我气质，就练就内心的沉静吧，它是一种让人着迷的力量。

工作中，沉静的女人总能够认真投入，尽量做到最好，对上不会唯唯诺诺，对下也不会挑剔万分，她们会视荣誉为过眼云烟，冷眼旁观钩心斗角。在生活中，沉静的女人高雅且极具涵养，不为金钱物质而盲目，不为奢华而轻易地搁置自己的一生。她们懂得真爱才是幸福的港湾，即使裸婚，小家的幸福也能将温馨与爱的气息聚拢。她们在无人知道自己的付出时，不去表白；在没有人懂得自己的价值时，不去炫耀。在没有人理解自己的志趣时，活着自己——活着自己的执着，活着自己的单纯，活着别人读不懂的痴醉，活着自己美丽的梦想，这是人性中最美的姿态之一。

· 气质女人修炼法则

　　在悠长的岁月中，当记忆之闸门拉起，沉静会使你保持一颗平常心。那些失之交臂的遗憾，那些有意无意的错失，那些目睹了他人春风得意后的艳羡、自卑，都会在沉静的姿态中一笑相忘。因为一切都是句号，一切又都是起点，不以物喜，不以己悲，忧乐循环、风水轮转，其妙谛不在对局，而在过程。当然，要保持沉静的姿态，是需要内在自持、自省、自重、自强与内在安详气度的"支撑"的。

52. 能握手就不握拳，能用舌头就不用拳头

☆ 狭路相逢，勇者胜，舌头拳头相逢，智者胜。

☆ 聪明的女人是不会用拳头解决问题的，因为拳头不仅不能解决问题，反而会使问题复杂化。

☆ 遇到冲突，能够冷静地用语言沟通的人，才是真正有智慧的勇者。

　　打架向来都是男人擅长的事情，但是现在的很多女孩子在打架上相比较于男人，也是丝毫的不逊色。当你看到两个女人站在大街上，因为一点小事，就争吵不停，然后大打出手的时候，无论这两个女人之前是多么的令你感到美丽而倾心，当拳脚上阵，鼻青脸肿地收场时，再漂亮的女人也形象全无。一个有气质的内涵女人，是如何也不会动粗的。中国有句古话说："君子动口不动手。"一个真正的富有智慧的女人是不会向他人动手的，而是会艺术地用舌头予以化解。她们能很好地控制自我情绪，遵循"能握手就不握拳，能用舌头就不用拳头"的行事原则，能够时时保持自我的涵养，这样的女人是迷人的。

　　《孙子兵法》中说："上兵伐谋，其次伐交，其次伐兵，其下攻城。"其中的"上兵伐谋"说的就是最佳的军事行动是用谋略挫败敌人，最下下策才是采取武力解决问题。一位成功学家曾经写道："化解冲突的最好良药，就是含有幽默感成分的机智。"女人如果在发生冲突的情况下，能够用富含幽默的语言解决问题，既能够维护自己的自尊，也能够让对方自惭形秽。那些生活中的蠢事，几乎都是因为拳头比舌头跑得快而产生的。

　　宫佳丽是一家上市公司的销售部主管，她今年四十多岁，但是看上去却要比实际的年龄小十几岁。如何保养是她的秘诀，也是她的得意之处。她有能力，有样貌，在公司是一个可以呼风唤雨的人物。很多公司年轻的姑娘，都以她作为自己的奋斗目标。

　　有一天，中午下班，她戴着墨镜，穿着名牌的连衣裙，气质优雅，装扮与样貌相得益彰。当她走到自己白色宝马车旁时，由于前面一辆黑色的奔驰车倒车，差点撞到她的爱车。她非常气愤，站在奔驰车后，伸出自己穿着高跟鞋的脚，狠狠地朝那辆黑色奔驰踢了一脚。

　　这个时候，奔驰车停下来了。从里面走出来的车主居然也是个女的，这个女人二话没说，上去就给宫佳丽一巴掌。受尽了万般宠爱的宫佳丽自然是极为愤怒，她撕扯住女人的衣领，脚不停地踢那个女人的肚子，那个女人狠狠地抓住了她的头发。两个人打到激烈的地方，居然拿出各自的武器。

　　楼外保安过来才终于拉开了两个女人，她们两个人、两辆车的车身都受到了不同程度的损害。再看她们的样子，头发乱哄哄，衣服撕得不像样，大腿和胳膊还有脸上都是青一块、紫一块的伤痕。两个人所在的公司从上层人员到员工，所有人都看到了两个人的样子，全部对她们充满了鄙视的目光。

　　其实，在生活中，面对冲突，毫不畏惧的人，充其量是个勇夫，而那些面对冲突，能不冲动，而且懂得运用机智和对方沟通的人，才能算是真正的智慧勇者。意大利谚语说："舌头虽小，却可以拯救一座城市。"的确是这样，中国也有句话说："一言可以兴邦，一言可以丧邦。"语言的魅力是非常大的。一把枪固然可以使一个人屈服，但是，如果你想赢得一个人的心，还要以德服人，运用高明的谈话艺术，使得对方心悦诚服。

　　一个有了冲突就选择用拳头解决的人，显得十分的野蛮。一个有气质的女人自然不会是一个野蛮的人。有人说，舌头代替拳头，就是把严肃的话轻松说。其实用舌头解决问题的人，是能够处于理性阶段的人。能够运用舌头的人都是语言表达能力强，喜欢做事多思考的人。用舌头和拳头解决问题的结果是完全相反的，拳头生硬冰冷，只会让一个女人看上去嚣张霸道，完全没有"女人味"。

> **· 气质女人修炼法则**
>
> 　　聪明的女人用舌头解决冲突，冲动的莽夫才会用拳头解决问题。
>
> 　　遇到事情拔拳相向会破坏一个女人的气质，能够以德服人，用舌头解决问题的时候，不要用野蛮的方法破坏自己的形象。

53．与其"声嘶力竭"，不如"嫣然一笑"

　　☆ 英国诗人约翰·弥尔顿说："一个人如果能够控制自己的激情、烦恼和恐惧，那他就胜过国王。"

　　☆ 你说话的声音是人们潜意识中对"气质"的评判。有气质的女人只需要轻声细语，嫣然一笑，便能融化人的心灵；而无涵养的"粗俗女"，才会声嘶力竭，高声叫嚷。

　　☆ 有魅力的气质女人懂得控制自己的情绪，而粗俗无内涵者往往会被情绪所控制。

　　☆ 拿破仑曾说："能控制好自己情绪的人，比能拿下一座城池的将军更伟大。"

大多数女人是无法控制自己的情绪的，因为本身比较感性，情绪容易受外界事情的影响。情绪对于一个人的影响非常深，当一个女人的情绪失去控制的时候，往往就会导致自己的形象全无，使得自己颜面尽失。情绪能够将一个美丽的女人变得瞬间气质全无；能够让一个优雅的女人变成站街叫骂的"悍妇"。每个人都会多多少少地受到情绪的控制，但是有些人却能够控制自己的情绪，做到收放自如。人的情绪和天气差不多，有阴有晴。但是能够控制自己情绪的女人，才能称得上是有修养的女人。

情绪不仅主宰着一个人的健康，还左右着一个人的认知行为。有些女人之所以会失去理智，不能够控制自己的情绪，都是因为不具备淡定这种特质。淡定对于一个女人来说十分的重要。一个淡定的女人遇到冲突的时候，不会首先声嘶力竭，但是却会嫣然一笑，然后理智地将这些冲突全部化解掉。"宠辱不惊，闲看庭前花开花落；去留无意，漫随天外云卷云舒"。这就是一种淡定自若的人生境界，能够到达这种境界的女人，自然就是一个有气质的女人。

吴瑜是一家私立幼儿园的教师，很多人见到她的时候，都会被她的优雅和美丽所折服，这一切都源自她是一个淡定的老师，从来都不会因为孩子调皮而生闷气。和其他的幼儿园女教师一样，吴瑜的生活也有悲欢离合。但是每一次遇到不开心的事情，她都会找到自己的好朋友说说，说完以后就可以豁然开朗，从来都不会将不开心带到第二天。

在工作中，吴瑜非常擅长调节自己的情绪。众所周知，幼儿园教师是一个不太容易做的职业，每天都要面对各种各样的孩子，遇见一些习钻的家长和调皮的孩子。但是，吴瑜总能够让各种家长都满意，当有老师问她有什么秘籍的时候，她笑着说："控制好自己的情绪，遇到事情要淡定、理智。"

有一次，遇到了一个非常习钻的家长，那位家长的脾气极其的暴躁。因为幼儿园要为孩子买集体的服装，家长不愿意出钱，来到学校闹，吓哭了好多孩子。很多老师都非常地生气，吴瑜并没有。她走上前去和家长解释，并分析了利弊，还说孩子可以不买服装，但是孩子这样小，心里面会因为自己和大家穿的不一样而心生自卑。如果家长担心学校多收了钱，可以自己去买，学校没有任何的意见，还向家长提供了需要服装的样式图。

吴瑜能够将工作的事情全部都解决得很好，她生活的准则就是"做自己情绪的主人"。她现在是这家幼儿园的典范教师，并赢得了学校、家长和孩子的好评。

如果你也是一个懂得控制自己情绪的女人，那么你也能成为像吴瑜这样的女人。成为一个受人喜爱、生活幸福的女人。有一句话说："我们改变不了天气，但是我们可以改变心情。"女人若要体会幸福，就需要有一颗淡定的心。不要任由负面情绪滋长，它只会让你失去优雅的气质，还会影响女人的健康。对于女人来说，自制是难得的美德，如果你想要成为一个优雅、气质的女人，你必须明白，一定要学会控制自己的情绪，做一个淡定、淡然的女人。

• 气质女人修炼法则

不要动不动就歇斯底里，这样不淡定的女人，只会损害自己的形象，对健康还有极大的害处。

任何一个成熟、优雅、智慧的女人，都能够左右自己的情绪，不会让负面情绪干扰自己正常的生活。

54. 要做优雅的"贵妇"，不做"长门怨妇"

☆ 不要做一个渴望被人关注的可怜虫，不做一个吊着男人颈子的菟丝草，这样才能获得男人的尊重和感情，才能让你的婚姻保持和谐幸福。

☆ 抱怨是一剂毒药，抱怨越多，爱情越不新鲜，到了最后只能是发霉溃烂了。

☆ 怨妇不会让人心生怜悯，只会遭人嫌弃和讨厌。恋不恋爱都要先学会爱自己，才有力量爱别人。

☆ 抱怨是优雅的"杀手"，优雅气质的女人不屑抱怨，也不需要抱怨。

倾城的容貌终会老去，万贯的家财终会散去。那些我们在人群中一眼便能发现的独特气质女人，往往有着恬淡、安静的笑容。她们无论在哪里，都能呈现一种"贵妇"式的优雅姿态，而从不做讨人嫌的"长门怨妇"。这样的女人用自己独特的智慧经营着自己的人生，愉悦着自己，同时也愉悦着他人。即使眼角爬满皱纹她们也依然优雅，因为这样的女人不会让抱怨的情绪进入生活，更不会让自己的不满波及自己周围的人。不去抱怨的女人都是坚强的，只有脆弱的女人才会让自己陷入无尽的抱怨中。

张爱玲说过：遇见你，我变得很低很低，一直低到尘埃里去。很多女人在遇到爱情的时候，都会放低自己，但是时间久了，在这尘埃里就会生出怨气，直到将自己缠绕得透不过气。女人心生抱怨，无非是对现实的生活不满，但是抱怨并不能解决什么，只会让女人变得毫无气质。在婚姻生活中，女人靠抱怨来缓解压力，如同男人靠烟酒来缓解压力一样，一不小心就会上瘾，戒起来很难。女人一旦沾上抱怨，往往就会失去家庭的地位。因为女人的抱怨不外乎就是一直不停地喋喋不休，让自己从一个美丽知性的女人变成一个满面戾气，孤立无援的"祥林嫂"。

李林带着老婆和阔别多年的好友罗翔见面，第一次见到罗翔的太太小蝶，李林觉得她看上去很漂亮，而且身材不错。四个人坐在一起吃饭，有说有笑。李林说到工作中的一些问题，还没有说上几句，罗翔的太太小蝶就开始在一旁抱怨："我们家罗翔和你们可不能比，经常加班，赚得少，累得要死。"然后开始在一旁和李林的老婆唠叨、抱怨。

李林听到这些话，对眼前的女人有所改观，忽然觉得这个女人也不是很漂亮，相反还挺一般的。李林的老婆谈起了房价和生孩子，小蝶就在一旁开始抱怨，孩子要花钱，房价太高，等等。甚至还说，感觉活着太累，死都死不起。

李林看到这个眼前不断抱怨生活太累、工作太苦、房价太高、孩子难养的女人，忽然间觉得她看上去令人厌恶，甚至为了堵住她的嘴巴，李林不愿意再提及任何的话题。但是无奈，小蝶和自己的老婆谈得很欢，虽然自己的老婆也没有说什么，但是小蝶似乎并没有停止抱怨。她起初还是很正常地说，到后来就变成了一脸愤怒，捶胸顿足了。虽然丈夫罗翔提醒了小蝶，但是这并不能让小蝶停下来。

一个精神萎靡，整天只知道抱怨的女人无论走到哪里，都是讨人谦的。一个"怨妇"只会让男人顿时感到无所适从，因此，他们逐渐地会对女人产生反感，甚至感到绝望，将女人的话当耳边风，会变得爱答不理，他们对女人的举动开始漠视。

韩伯格在纽约家事法庭工作了 11 年，曾审理过成千上万的离婚案件。这方面他个人的见解是：男子离家的主要原因之一，就是他们的太太总是喋喋不休，又吵又闹。《波士顿邮报》曾报道说："许多做太太的，常常一次又一次连续不断地掘凿，以完成她们的婚姻坟墓。"

所以说，女人要想维持家庭生活的美满快乐，一定要遵守这一条规则，那就是：千万不要喋喋不休地抱怨！要知道，"抱怨"可以说是气质女人的大敌。那么女人要如何减少抱怨，让自己成为云淡风轻的气质女人呢？

首先，要把握好自己的心态，只有端正态度，才会减少抱怨的发生。其次，要学会一些技巧。因为有时间胡思乱想，才会心生抱怨。所以女人完全可以主动将自己不满的事情试着学会解决，与其让自己被动，不如主动出击。最后，加强自己的修养。一个有内涵和品位的女人是不会总是抱怨的，她知道抱怨会使自己的魅力下降。一个有能力、有气质的女人也不会让自己成为一个"长门怨妇"，而是会努力地做一名"高贵的妇人"，尽显自己高贵的气质。

- **气质女人修炼法则**

  抱怨会损害你的气质，不能解决任何问题。

  喜欢抱怨的女人，往往会遭到男人的嫌弃和反感。

  与其抱怨，不如改变；与其让自己陷入被动，不如主动出击。

55. 学习，是抵制你惶恐无助的最佳"克星"

☆ 当你无助的时候，不要把时间用在"惶恐"上面，不妨去学习一样东西，并把这当成习惯。

☆ 女人一生结婚、工作、生子，其终极目标便是寻求一种安全感。"安全感"是多数女人所匮乏的，当你感受到无助，这就是来自上天的信号：该给自己添点料了。而学习，则是抵制女人惶恐无助的最佳"克星"。

生活中，每个女人都会有被惶恐无助袭击的时候：被人在背后论是非，被同事抢了功劳，被老板无端地责骂，被工作压力袭击，被老公指责，因孩子下降的成绩烦心……种种不如意，会像炸弹一样，还未等你准备好，便在你周围引爆，搞得你措手不及，心烦意乱。而这时，很多内心缺乏定力的女人，便会随意发脾气，招致坏脾气，从而越来越恐惶，将自己置于焦虑的泥潭中无法自拔。

苏芩说，惶慌无助，揭示了人生的短板。快乐的时候，人们可以稍事放纵，当你感受到无助，这就是来自上天的信号：该给自己添点料了。而学习，无疑是你抵制无助的最佳"克星"，不妨你可以尝试一下：

当听到有人在背后说你坏话，别把时间用在寻仇反击上，跟着电视学一道小菜，便能保证你的餐桌上更有营养，更能引人称赞；

当被同事抢了功劳，别把时间浪费在咒骂上，先放下手头的工作，约闺密一起去逛街，不一定非要买东西，在高级商场逛上一天，你就会发现，自己的审美品位一下子提升了；

当你被老板无端责骂，别把时间浪费在痛苦揪心上，找台音响学习一支歌曲，当歌唱熟了，心境自然就开阔了；

当你被工作中的难题压得喘不过气来，更不该把时间浪费在买醉上面，买上一本书，里面总有几页知识将来有一天被你用得到；

当你被朋友误解，不应该伤心、痛苦，而是先放下眼前的一切，去学习一段舞蹈，等舞蹈学会了，你的心结有可能就解开了；

……

总之，学习是抵抗一个人惶恐无助的最佳"克星"。它能转移你的注意力，帮助你分散对未来的不确定性，并且坚定对自己的自信心，更可以把时间利用到最佳值。无助，可以使你变得更为强大，也能使多数人内心越来越自闭，越来越卑微。这完全取决于你，在最无助和恐慌的时候，你在干什么。

女人是情绪动物，悲伤、焦虑、烦恼等负面情绪常常会不期而至，如果一遇事便沉浸其中，那么，你将会在坏情绪的泥潭中越陷越深，在这个时候，你能以学习一门业余兴趣，乃至一项小的生活技能来转移自我注意力，不仅控制了自己的坏情绪，避免生活滋生出一些不必要的麻烦和烦恼，还可以获得一种新技能，充实自己的内在，增加你的自信心，它是减轻你对未来的惶恐感的最佳良药。

总之，命运最垂青能够控制自我情绪的女人，这样的女人在任何时候都能不动声色且镇定自若地面对生活中的种种琐事，她们集成熟、独立、宽容、风情于一身，永远不会因为岁月的流逝而失去光泽。这样的女人，可以让你在轻描淡写间应对一切的变幻，让她们在挑衅中透露着稳重、独立和成熟，在张扬中尽显内敛和妖娆。这样的女人，会绕过岁月，将美丽和幸福进行到底。

> **· 气质女人修炼法则**
>
> 亚里士多德说过："优秀是一种习惯。"而最优秀的习惯就是学习。身为现代女性，只有不断学习，才能高瞻远瞩；只有不断学习，才能超越梦想；只有不断学习，才能魅力永存；只有不断学习，才能事业长青。一个拥有持久学习力的女性就像一杯浓香的醇酒，在她们身上，气质、美丽、智慧、幸福、成功、魅力……一个都不会少，这样的女人无疑是最迷人的。

56. 别让"琐碎""揉碎"你的人生

☆ 人心只一拳，别把它想得太大。盛下了是非，就盛不下正事。

☆ 很多人每天忙忙碌碌，一事无成，那就是对细枝末节的琐碎关注得太多。米可果腹，沙可盖楼，但二者掺到一起，便是最廉价的杂米，做人纯粹点，做事才能痛快点。

☆ 不要一头扎进是非，不要扎堆讲是非。虽然你也许觉得"讲是非"，是最容易让对方敞开嘴巴的途径，但确确实实，是非讲得太多，心就会变得浑浊。

"琐碎"是生活的常态，要做有气质的女人，你可以生活在"琐碎"

之中，但切不可被"琐碎"所羁绊、所缠绕，让自己的心灵无端地长出戾气来。正所谓，相由心生，一个经常被"琐碎"缠绕的坏情绪女人，如何能生出一副娇容来呢？一个满脸怒相的女人，如何会有气质可言呢？

有人说："很多时候，让我们疲惫的并非是脚下的高山与漫长的旅途，而是自己鞋里的一粒微小的沙砾。"有时候，消磨我们意志的，并不是高山与大川，而是生活中的细小沙砾，它们足以耗尽你的精力，消磨你的意志，把你完整的人生给"揉碎"，使你无法到达胜利的顶端。

刘梅是个有抱负的人，工作能力极强，也有责任心，很想在业界做出一番大成绩来，但是她却是个脾气暴躁的人，经常会因为生活中的一些小事情而心情郁闷。最近一周，她感觉"诸事不顺"：周一上班的路上，她因为在公交车上被人踩了一脚而气愤不已；周三的时候，又因为上班迟到而受到领导的批评，一天心情极为低落；在周五的时候，孩子因为在学校打架而被老师通知到学校去一趟……这样的小事经常在刘梅身上发生，她觉得自己真是太倒霉了，这些小事经常影响着她的心情，脑子中经常绷着一根弦，她每天都处于紧张的状态之中，但是还是会不时地出乱子，她觉得自己都无法支撑下去了。几年过去了，尽管刘梅有能力，但经常因为精神不佳，职业生涯受到了严重的影响……

生活中，很多女人经常被小事牵着鼻子走。比如因为孩子调皮，打碎了玻璃，使你心情陷入烦躁之中；早上挤公车因为别人无意踩了你一脚而大发雷霆，整整一天，心情都处于郁闷之中；因为不小心丢落了东西，而使我们的心情一个星期都处于郁闷之中……可以想象，一个总被生活琐事"绑架"而郁郁寡欢的女人，如何有气质可言呢？有时候，一些看似生活中的小事情，却足以吞噬掉我们一时乃至一天的好心情。而内心强大有气质的女人，则会调整心绪，学会发现生活中的快乐和幸福，让自己从纠结的小事情中走出来。

有一天，唐嫣打电话让一家垃圾搬运公司来家里清理多余的垃圾，最终，等垃圾清理完的时候，这家公司要求消费者要将自己的地址记在垃圾箱上面。唐嫣就随手用一罐喷雾油漆，在一个棕色橡胶箱上，喷上了自家的地址。因为她的疏忽，她最喜欢的白裤子上沾上了几滴油漆。唐嫣自己很不高兴，于是努力想去掉这些油漆，但回到家，无论如何努力，都无法清除。

接下来的几天，她只要看到那条裤子，心里就会莫名地犯起别扭来，总是抱怨当初自己为何那么笨。这件事，困扰了唐嫣很多天。每天，她都会莫名地责备自己一顿。后来有一天，她陪一位朋友到当地的五金商店去买一些涂料。在一个架子上她发现了一个写着"消除错误"的小罐子——一种可去掉油漆和其他难去除的染污的去除剂。

这种涂料，让唐嫣异常兴奋，于是急忙买了一罐。回到家后，她赶紧按照说明，清洗那些困扰她的污痕。令她高兴的是，污痕立刻就不见了。

看着干净的裤子，唐嫣立即意识到，自己这几天的举动是如何的荒唐，这件小事根本没有自己想象得那么严重，任何罪过都是可以宽恕的，任何过失都不应该总是耿耿于怀。否则，永远尝不到生活的快乐。

生活中，每个人都不可避免地会出现一些小过失，尽管这些小过失会给自己带来一定的麻烦，但是，它并不是罪过，我们无需对自己那么刻薄。对于生活中的小失误，女人应该学着原谅自己，下回注意即可。就如莎士比亚所说："过去的就让它过去吧！"豁达些吧，不要把自己的失误一直放在心上。

两千多年前，雅典的政治家伯利克里就曾经留给人类一句忠言："请注意啊，我们已经将太多的精力纠缠于一些小事情了！"这句话，对于今天的人们来说，仍然很值得品味和借鉴。对于我们多数人来说，生活都是由无数的小事组合而成的，如果我们过多地拘泥、计较小事，那么，我们的人生也就没有什么意义和乐趣可言了，我们触目所及的必然都是烦恼、痛苦、矛盾与冲突。

在任何时候，都不要让"琐碎"把自己的人生给"揉碎"。要知道，人的精力毕竟都是有限的，如果你过于计较小事，那么，对人生中的一些大事的注意力与处理能力就必然会淡化，甚至是无暇顾及了，这也就意味着你将会失去更多。真正有气质的女人，会选择勇于放下，"糊涂"地对待一些小事，这样才能让自己收获更多重要的东西。

• 气质女人修炼法则

心若一潭清水，便可容易无限；心若一潭浑水，便只能整日无闲。

身若累了，不过一身臭汗；心若累了，人生不再会有奇迹。

人一辈子能做的事，就那么几件。如果你过于在小事上斤斤计较，那么，对人生中的一些大事的注意力必然会淡化，甚至无暇顾及了，也就意味着你会错过完成人生中那些重要的事情。为此，从现在开始，学着放宽心怀，在小事方面"糊涂"一些吧，这样才能腾出更多的精力，还自己一个精彩、辉煌的人生。

57. 低下头，最美的风景就在脚下

☆ 脚下的风景，虽然色调不算极美，但那份安静的力量，则能指引女人走得更远……

☆ 一个爱低头的女子，总会流露出别样的风情雅致。在异性眼里，女人在低头间的那份柔敛，代表的是她性格中最深切的女人味道。

☆ 苏芩说："昂头的女人活泼，低头的女人温柔。昂头的男人自信，低头的男人深沉。"低头垂颈间，只为了寻求一种最为安宁的姿态。懂得安静的女人，总是更容易让男人生出爱慕的心。这就是所谓的内敛中蕴涵的力量。

徐志摩在诗中写道：最是那一低头的温柔，就像一朵水莲花不胜凉

风的娇羞……说出了女人在低头间所呈现出来的美丽与温柔。《倾城之恋》里，范柳原调侃白流苏说："你的特长是低头。"可见，一个爱低头的女人，骨子里便有别样的风致。在异性的眼中，她那份低头间的柔敛，代表的是她性格中最为深切的女人味道，这样的女人其一颦一笑，都充满了迷人的气质。一个懂得低头的女人，说明了她内在为人处世的慎重，这样的女人平和自然，交友谨慎，同时也有踏实端正的做派，其在举手投足间，能焕发出迷人的女性魅力。

台湾著名绘本画家几米在其作品中有这样一段话："掉落深井，我大声呼喊，等待救援……天黑了，黯然低头，才发现水面满是闪烁的星光。我总是在最深的绝望里，遇见最美丽的惊喜。"这段诗意盎然的语言道出了耐人寻味的哲理，给我们这样的启迪：懂得低头的女人不仅能展现出女人特有的魅力，而且它还是一种智慧的生存哲学，能让女人以更好的姿态和状态面对人生的不顺或忧愁。

人生道路上，没有所谓的风平浪静，一帆风顺。当我们处于绝望或困境中时，我们要学会低下头看一看，你便能发现别样的美丽，这时你就能发现生活中处处充满了美好，能让你冷却的心灵重新充满希望，充满快乐的阳光。

一位职业女青年，为了完成一项重要的工作任务，曾彻夜不眠地加班，顶着烈日去做调研。在烈日下暴晒，汗流浃背。但为了生活，她不得不继续忍受下去。

有一天，她拖着疲惫的身子回到家中，看到年迈的妈妈一如既往地在厨房中忙乎着为她做饭、烧水，老爸在门口见到她回家，眼睛立即眯成了一条线……这时候，她发现简陋的家中竟然充满了别样的温馨。她慢慢地走进厨房，轻轻地从背后搂住妈妈的腰。妈妈转过身用粗糙的大手抚摸着她的额头，她猛然觉得所有的苦和累都在瞬间消失，内心洋溢着幸福的滋味。

就这样一个小小的动作，就将她一天的疲惫赶走，再也感觉不到任

何劳累了。

生活中处处都充满了美，身为女人，只要低下头去，就能发现别样的美丽。这样的美丽可以减轻你内心的种种沉重，重塑你的自信心，提升你的气质。为此，当你事业陷入低潮之时，心中如果没有了指点江山的豪情壮志，只要你低下头，就可以看到亲情的温暖。当这份温暖支撑你走出了困境之时，低下头，你能看到自己又收获了乐观的性格与坚毅的品格。而它们又是提升你内在气质的最重要品质。

总之，肯低头的女人是最美丽的，她们的美丽不仅仅是那份含"娇"带"羞"的女人味，还是那份面对困难和磨难的乐观与积极的精神状态。谁敢说，这样的女人没有气质。

我们天天在写字楼间仰望天空，俯视人群，眼中尽是纷繁芜杂的形色。眼睛看到的太多，脑中则只会越来越空。当你觉得把握不住自己的心，当你对自己的判断力感到吃力，当你觉得对方开始对你皱眉头，当你感到工作的压力已经让你喘不过气来的时候，那么，请你轻轻地低下自己的头，脚下有最美丽的风景，它能愉悦你的内心，能让你在前行的道路上越走越远。

• 气质女人修炼法则

如果将我们的人生比作一次爬山运动的话，无论你处于何种位置都要记住：在浩瀚的大山中，你只是一个小小的分子，无论身处何境，都要学会低下头来，保持低姿态，这样才能发现山下的美丽风景。即便"会当凌绝顶"，也要记住低头，因为在漫漫的长途跋涉中，总难免会有碰头的时候。

掉进深井中，低下头来就可以看到星光的美丽。在人生的道路上，在困境面前，只要我们能够换个角度，用全新的视线捕捉生活中的美丽，也将会有一份美丽的星光照亮你的内心，照亮你前行的道路。

58. 笑对"挑衅"，入耳不入心

☆ 三等女人拼容貌，二等女人拼智慧，一等女人拼心态。

☆ 许多人想行云流水过此一生，却总是风波四起，劲浪不止。平和之人，纵是经历沧海桑田也会安然无恙。敏感之人，遭遇一点风声也会千疮百孔。命运给每个人同等的安排，而选择如何经营自己的生活、酿造自己的情感，则在于自己的心性。

☆ 有气质的女人，总是乐于接受别人的意见，对于无伤大雅的"挑衅"，她也只是会一笑置之。而人云亦云、毫无主见的流言却会被她所摒弃。她不会意乱情迷到丧失道德标准，"己所不欲，勿施于人"，她总是不屑于插足是非之中，对于绯闻和流言，她从来都是"绝缘体"。

生活上，与人发生摩擦、矛盾是再正常不过的事情。但在处理矛盾时，千万不要表现出盛气凌人的样子，更不要得理不饶人，非要和他人争个面红耳赤，如果你这样做，那就失去了作为一个气质女人的涵养。真正有气质的女人，在面对他人的"挑衅"时，会入耳不入心，并以微笑面对。

陈萍是一家出版社的编辑，平时只是默默工作，并不多说话，和人聊天也总以微笑示人。有一次，编辑部来了一个个性极强的女孩子——刘蓉，由于处处争强好胜，所以，很多同事都受到过她的语言"攻击"。某一天，陈萍因为疏忽，工作上出现了一个小问题，刘蓉好似抓到了陈萍的把柄，便像点燃了火药一般，噼里啪啦一阵训斥，谁知陈萍也只是默默地笑着，一句话也没说，只是偶尔一句："啊？"最后，刘蓉只得鸣金收兵，但已气得满脸通红，一句话也说不出来。

不可否认，陈萍面对刘蓉的故意"挑衅"，其所表现出来的修养和

气度着实让人佩服，谁能说这样的女人内心不够强大，气质不够优雅呢？

关于内心强大，苏轼在《留侯论》中曾说："古之所谓豪杰之士者，必有过人之节。人情有所不能忍者，匹夫见辱，拔剑而起，挺身而斗，此不足为勇也。天下有大勇者，卒然临之而不惊，无故加之而不怒。"也就是说，内心真正强大的"勇士"，必然有一种"过人之节"，他们能够像韩信那样忍受胯下之辱。他不会像平常人逞一时之勇，图一时之快。这是因为他的内心有一种在理性制约下的自信与淡定，这是因为他有着宽广的胸怀和高远的志向。

很多时候，面对矛盾、冲突和挑衅，"沉默"是一种强大的力量，面对"沉默"，所有的语言力量都显得极为渺小。所以，聪明的女人，在面对冲突和挑衅时，都会入耳不入心，并以微笑和沉默回绝，这既保全了自己的气质和涵养，也给对方以严厉的回击，可谓一举两得。

有"民国绝代佳人"之称的林徽因就是这样一个有涵养的气质女人。一次，冰心写了一篇《我们太太的客厅》，里面极尽刻画了一个女人的"丑态"，用来讽刺林徽因。要知道，作为一个女人，面对别人的故意挑衅，再大度，也难以保持平静，尤其是有才华且自视甚高的女人，看到冰心的话，绝对是非要动怒了不可。但林徽因却平静如水一般。

当时的林徽因恰好由山西调查庙宇回到北平，面对这种带有"醋意"的批判后，她的神态像往常一样的平静。她只是微笑着嘱咐家里的佣人说："把我从山西带回来的陈醋找出来，我要送人。"

梁思成开始还没明白过来，便有些惊讶地问了一句："你想送给谁？"

林徽因没说话，只是低下头慢条斯理地翻起了报纸。

梁思成顿时就明白了，脸上的表情有些微妙，斟酌着劝道："这不大好吧？你大老远带回来，不是要自己留着吃吗，怎么就舍得送人了？"

　　林徽因抬起头来调皮地一笑，眼神流光婉转："送别人我自然是不舍得，谢大姐可不一样，这坛老陈醋就该送给她吃，又陈又香呢！别人可品不出它的好处。"

　　面对文人冰心的挑衅，这便是林徽因的反应。动作爽利，手法漂亮，反击得不动声色，极尽体现了她的良好修养和气质。所以，要做一个有涵养、有气质的优雅女人，请学会控制好自己的情绪吧，尽力做到"和为贵，忍为上，虚怀若谷，谦卑宽容"，如果你能时时以这样的健康的心态去处理事情，不但可以得到一个满意的结果，也十分有利于锻造你正直善良的气场，拥有亲和力十足的优雅气质。

·气质女人修炼法则

　　面对对方的挑衅，聪明女人的建议是：不如装聋作哑！聋哑人是不会和人起争斗的，因为他听不到，说不出，别人也不会找这种人斗，因为斗了也是白斗。不过，生活中多数女人都不聋又不哑，一听到不顺耳的话就会回嘴，其实一回嘴就中了对方让你方寸大乱的计。而如果你不回嘴，对方自然就觉得无趣了；对方如果还一再挑衅，只会凸显自己的好斗与无理取闹罢了。因此，面对你的沉默，这种人多半会在几句话之后就仓皇地"且骂且退"，离开现场，如果你还装出一副听不懂的样子，并且发出"啊?"的声音，那么更能让对方"败走"。

59. 当爱情走时，请用笑容送别

☆ 吴淡如说："爱一个人可以全心全力，不过，千万不要让他以为，不管他怎么踩你、踢你、欺负你，你都不会走，只因你没有他不能活！"

☆ 张小娴说："总有一天，你会对着过去的伤痛微笑，你会感谢离开你的那个人，他配不上你的爱、你的好、你的痴心。他终究不是命定的那个人，幸好他不是。"

☆ 一件事就算再美好，一旦没有结果，就不要再纠缠，久了你会卷，会累；一个人，就算再留念，如果你抓不住，就要适时放手，久了你会神伤，会心碎。有时，放弃是另一种坚持。任何事，任何人，都会成为过去，不要跟它过不去，无论多难，我们都要学会抽身而退。

一个真正有涵养的气质女人，在爱情中始终都会保持优雅的姿态的。在情场上，她们始终能在灵魂上保持高贵，不争夺，不悲伤，当爱情来时，会淡然地接受，感受其中的美好，而当爱情走时，则会用笑容送别，不悲不喜，静静地活在当下，一如既往地美好。这样的女子内心是优雅和淡定的，所以，她们的人生也会在优雅中穿行。

丈夫出轨了，在家做全职太太的阿雅感到无所适从，伤心难过自不必说。这些年来，她操持家务，做饭、洗衣，什么都做得好，但还是未能留住丈夫的心。年轻时的她，本是一个眉清目秀，毫无烟火味，瘦弱腼腆，不染尘埃的淡雅的女子，可当下她却成了一个大妈。她呜咽着，心头像堵了块大石头，觉得自己就是个失败者。但是，她还是忍住了悲伤，开始改变自己。

她打一盆温热的清水，洗净泪痕，化了妆，换了时髦的时装，完全还是个美人。随后，她又翻开本子，用漂亮的字列出一张新的生活计划表。她从此不再为他朝九晚五煲汤、做饭、洗衣。早上吃包子、喝豆浆，晚上做美容、练瑜伽、学化妆，然后在西餐厅吃个饭。周末，她请小时工做家务。她报了一个平面设计班，又学习素描画。她的生活焕然一新，每天都兴高采烈。失败的婚姻，可以让一种女人变得丑陋，却可以让另一种女人激发出美来。她的气色好多了，已经能独立设计出自己满意的作品来，素描画也画得让众人称赞，她有点底气了。

在 27 岁生日那天，她到商场给自己挑了一件薄薄的灰色羊绒衫，一件白色的呢子外套大衣，烫了漂亮的波浪卷发型，化了淡妆，优雅地坐在沙发上。待丈夫下班回来，她微笑着把离婚协议书签好递给他，提着箱子潇洒地扬长而去。丈夫顿时措手不及，目瞪口呆。阿雅什么也没带走，除了几件衣服、日用品和一张十多万元的存折。价值几百万的房子、车子，包括那个刚刚升任部门经理的男人，她都放弃。她容忍不了，如此不信守承诺的男人。

当天，她到了一家大型的广告策划公司，从普通员工做起。尽管收入不高，但这是一个新的起点，她有足够的时间和动力去挑战新的工作。熟练的设计、优雅的衣着、卓越的能力，都为她加分。28 岁，她开始慢慢地升职加薪，一直到设计部总监。四年后，32 岁的她拥了自己的一家广告公司。她开始与一位位追求自己的优秀的男士约会，独享爱情带给自己的美好。其中，有一个有留美背景，家境殷实的男士，欣赏自信独立的女人，对她展开了猛烈的追求。她也觉得自己找到了今天真正的爱情。

与未婚夫谈婚论嫁之后，他们去一家知名首饰店挑戒指，居然碰到了她的前夫。几年不见，他的脸上写满了沧桑和落寞。他正在和一个年轻漂亮的女孩争吵，女孩一气之下甩手而去，而他苦恼地抬起头时，碰上了她温和的眼神。

前夫一阵刺痛，举止也局促起来。阿雅若无其事地微笑，为彼此做介绍。她的未婚夫向她的前夫伸出手去，真诚地说："谢谢你，把这么好的女人让给我。"前夫的脸红透了。阿雅优雅地笑着说："谢谢你曾经的伤害，才让我如此坚强，找回自我，活出自己的漂亮来。"

看到了吧！阿雅没有一味地纠缠男人，也没有伤春悲秋地哀悼自己的恋情，而是敢爱敢恨，努力让自己过得更好。这样的女人不但光彩照人、落落大方，而且还有一股高贵凛然的气质，男人怎能不为她沉醉？

要知道，这个世界上，没有谁离开谁活不下去，除非他是给你提供水、空气、阳光和食物的上帝。既然他不再爱你了，不要傻傻地问他为什么，何不优雅地对男人说"再见"，然后潇洒地甩一甩头，婀娜地走开，这样才不失气质女人的风范。

爱的时候放开去爱，但若爱情变味了，那么不要哭哭啼啼，畏畏缩缩，勇敢地去接受它，婀娜地微笑着离开男人，留住自己的尊严和该有的优雅，便是对对方最大的"惩罚"。爱得起恨得起，拿得起放得下，这是一种凤凰涅槃的气度，相信更美好的情感会主动向你走过来！

> **· 气质女人修炼法则**
>
> 当分手的事实摆在面前时，女人可以难过、伤心，甚至愤怒，但千万不要当着男人的面宣泄这些坏情绪，更不要为了挽救恋情哭哭啼啼，或者愤怒咆哮，甚至不顾自己的人格尊严，死缠着对方不放。因为这样只会自己削减自己的气场，不仅难以挽回爱情，还增加了被男人瞧不起的话题。
>
> 那些有气质的灵魂"高贵"的女人总是能够理智地看待分手，即使她们再在乎一段感情，爱变了，她们也可以做到优雅地走开，接着她们会将自己拧拧干，到阳光地带下晒晒，重新开始自己的生活，并且活得更美好、更滋润，重唤出气场强大的能量。

60．用一颗"波澜不惊"的心，换你不老的容颜

☆ 三毛说："人生有如三道茶：第一道苦若生命，第二道甜似爱情，第三道淡如微风。"

☆ 女人对于"荣辱"的神经最敏感。只是，多数女人做不到荣辱不惊，都只能"荣辱皆惊"。

☆ 当一个人遇到不顺时，要多说"我相信"，用感性激励自己走出泥潭；人生太顺时，要养成说"我知道"的习惯，用理性来规范自己。人生好比一锅汤：要沸时，加瓢水，温暾时，加点火。人人一锅汤，还得靠你自己的火候自己熬。

一个女人的气质来自哪里？来自波澜不惊的内心。何为"波澜不惊"？即练就一种心如止水的心境，随遇而安的本领，无论遇到怎样的境遇，无论身处怎样的处境，让自己的身心始终都处于一种宁静祥和的状态。人生事十有八九不如意，唯有保持波澜不惊的淡定，给我们浮躁的心最温柔的安抚，女人内在的气质才能得以提升，才能让自己拥有一张永不垂老的脸。

看世间熙熙攘攘，女人总有太多的不甘心，太多的不满足，太多的诱惑……意志不够坚强的一些女人往往会产生郁闷、焦虑、激愤等情绪，心有滞碍，自然就难以发挥出全部的潜力，如此气场必然是灰色的、收缩的、孱弱的，如何会有气质可言呢？

试想，如果一个女人在生活中稍有挫折就歇斯底里，在工作中稍有不顺就半途而废，在婚姻上稍有摩擦就分道扬镳，每天匆匆忙忙，奔波不停，忙得分不清欢喜还是忧伤……如此，你能够感受到她的气质吗？答案不言自明。

相反，一个女人心里若没有了太多苛责与过于强烈的欲求，不过于纠结得失成败，也就能淡然笃定地掌控自己的生活，这也是个人内心的一种成功，这种人的气场无疑是强大而稳定的，辐射出的能量也更有震撼力，这样的女人也是富有气质的。

青樱是一个活得非常淡定的女人，无论遇到多么糟糕的事情，孩子考试不及格、老公没本事，自己挨领导批了，她每天都坚持快乐地生活。每天的晨跑、早上升起的太阳、凉爽的晨风，在她眼里都是快乐的。

有朋友问青樱："你为什么总是那么淡定？一整天都乐呵呵的？"

青樱轻轻一笑，回答道："事情已经这样了，着急、紧张、郁闷……有什么用处呢？何况，孩子乖巧懂事，丈夫对我很好，我又没有下岗，为什么不快乐一点啊？快乐是一天，不快乐也是一天，当然要快乐，我们要享受生活嘛。"

对于女人来说，少一份焦虑，就会多一份气质，少一份浮躁，就会多一份魅力，少一份迷茫，就会多一份幸福。内心淡定的女人，拥有一颗强大的心灵，有了这种气质，就算她姿色平庸也会拥有耐人咀嚼的韵味，也会有吸引人的气质，以及最终抵达幸福彼岸的力量。

但是，如何才能保持一份波澜不惊的淡定呢？很简单，告诉自己即使事情不照自己的计划进行，地球也会照样转，生活也照样继续。这是必然会发生的，无论是成败与得失，都是珍贵的礼物，是组成生活的要素。也就是说，接受生活赐予自己的一切，珍惜自己已经得到的，不忌妒别人的成就，不躁进、不过度、不强求，内心不被悲哀占据，个人的气质也会在这种淡然一笑中散播开去，人格魅力无形中就会给别人留下深刻的印象。

"由来功名输勋烈，心中无私天地宽"，如果你想成为气质女王，就要学着摈弃贪心，学着"无为、无争、不贪、知足"，不过分在意得失，不过分看重成败，做到得之不喜，失之不忧，不惊不惧，不忧不恼。

排除外界的干扰，清楚自己最想要的是什么，如此，宁静平和的心境自然就有了，气质自然就提升了，收放自如，纵情挥洒，如此你的魅力势必与众不同、万人难敌，生命也便具有了更高的意义，你也便拥有了岁月打不败的"美丽"。

- **气质女人修炼法则**

  当然，保持一份波澜不惊的淡定并非消极地等待，更不是听从命运的摆布。它是凡事不必刻意强求，是一种顺应天命，随遇而安的人生态度，自己该做的都做了，实在不行也没有办法，只要自己问心无愧就行。

61. 韧性是女人保持优雅的"护身符"

☆ 张德芬说："我深信当你把你的内在世界调整得很好的时候，你的外在世界就会自然而然变得很顺利。"

☆ 韧性女人无疑是最具有适应能力和谋生手段的，她们是命运的强者，生活的勇者。

☆ 生活不可能像你想象得那么好，但也不会像你想象得那么糟。其实，人的脆弱和坚强都超乎自己的想象。有时，却可能脆弱得一句话就泪流满面，有时，却发现自己咬着牙走了很长的路。

相信很多女人都会不忘记美国著名影片《乱世佳人》所塑造的那位美丽而倔强的郝思嘉小姐，这位骄纵的小姐曾经是那么的不可一世，可一场战争却像飓风一样卷走了她的世界，她历经战乱，失去了家园、失去了土地、失去了亲人、失去了原来的生活。但她不甘心失去的一切，她勇气惊人，凭着坚强不屈的品质，凭着毫不妥协的韧性，重建了家

园，郝思嘉是个典型的韧性女人。郝思嘉的韧性，为她美艳的外表增添了一种夺目的光环，让她散发出更为迷人的女性气质，让人难以忘记。

不可否认，女人有时候是处于弱者地位的，而女人的韧性会让人感受到她们一直都是命运的强者，生活的勇士，她们不一定有靓丽的外表，但在面对困境时，其人格所散发出来的气质确实让人着迷。

梦琪是一位长得漂亮的知识女性，性格温柔，在平时也很注意打扮，身上散发着成熟女人特殊的气质和韵味。但是，刚过不惑之年，她就得了癌症。经过了几次化疗之后，一头乌黑的头发全部都掉光了。

大家以为她会就此消沉、颓废，但是直到她出院上班的那天，朋友再次见到她，觉得她除了脸色有些苍白之外，还与原来一样，令人赏心悦目，不同的只是她戴了一顶漂亮的假发。朋友问她为何能够如此坦然，她这样说道：属于我的生命只有一次，我不会轻易放过的，哪怕是为了我的丈夫和女儿！

梦琪在面对绝症时，内心仍旧能够保持坦然的态度，并且还顽强地与病魔相抗争的勇气，让我们为之敬佩。坚强的意志与毅力使人能够增加几分生存的机会，她是具有韧性的女人，这样的女人谁能说没有气质呢？

富有韧性的女人，其内心是强大的，她们那种遇到什么失败或困难，都不停止自己的追求，不放弃自己所需要的东西，哪怕是满心伤痕，也要含笑面对的精神，无不让人由衷地敬佩，这样的女人因为拥有强大的人格和内在精神做支撑，所以永远都能散发出迷人的魅力。相反，那种一遇到困难便哭哭啼啼，懦弱妥协，甚至连鸡毛蒜皮提不起筷子的事都可能会丧失理智，并为此痛苦、烦恼不已的女人，因为内心滋生了太多的戾气，就算脸蛋生得再美，又有何气质可言呢？

然而，生活中也有这样一种女人，能够承受生命中的所有的苦难和不幸，面对此，她们依然能够清醒而理智，依然能够从容而淡定，一丝不苟、认认真真地走完自己的人生道路。这样的女人永远是美丽和幸福的，永远散发着优雅的个性魅力。

· 气质女人修炼法则

应该说韧性女人是特殊的生活经历打造出来的，是不凡的人生曲折磨炼出来的，她们不一定高尚、完美，但她们至少教给了我们一种人生态度，即不论成功还是失败都不要停止自己追求的东西，不要放弃自己需要的东西，哪怕是满心伤痕，也要忍泪含笑，挺直脊梁去做人。

愚者选择"点"生活，智者画出"圆"人生

气质是女人最优秀品性的集中体现，即是道德上的纯洁、情操上的高尚和语言、肢体上的得体体现。而女人要拥有并体现出这些优秀品性，就必须有一个前提：有崇高的生活理想。唯有独立、自信且有梦想支撑的女性，才能拥有纯洁的道德，高尚的情操和得体的语言、肢体行为，才能以事业为圆点画出圆满的人生。那些把命运全权寄托在男人身上的女人，只会固守在自我的小圈子里，因为缺乏内在自信的支撑，所以，即便貌若天仙，也毫无气质可言。真正有气质的女人，其人生是时刻处于"强势"状态的，她能将自我命运牢牢地抓在自己手中，让内在力量与其才能尽情地得以发挥，这样的女人与男人的精神是站在同一个层面上的，为此，她的美和气质就会显得格外灿烂夺目。

62. 拿出"强者"姿态，丑女也能生出几分性感来

☆ 女人若能把自己怕老的心情，转化为用各种知识来武装自己的激情，成熟的风韵便会在你的身上显露出来。此时的你，恰如枝头圆润的果实，能够散发出诱人的甜香。

☆ 身边有些女人越来越俏，是因为她们拥有"强者"的姿态。岁月，带给庸者的仅仅是发皱的皮肤，但对于智者，还另外附赠一份积淀的魅力。

☆ 只有经过岁月雕刻过的强者姿态的女人，才会拥有真正的美丽和智慧，才会生成自己独具的内在气质和修养，才会拥有自信，才会有岁月遮盖不住的美丽。那是从内到外统一的和谐之气韵，是令岁月也无可奈何的美丽。

有人说，每个女人其实都有前、后两个花园。她们的前花园门前都挂着"美貌无敌"的招牌；后花园的门口则挂着"过了青春的村，还有美女的店"的标识。只可惜多数女人只痴迷于在前花园流连，随着岁月的流逝，留给她们的仅是发皱的皮肤，枯黄的生命；而仅有少数女人则会进入后花园，不断地提升自我，让自己不断成长，时时以"强者"的姿态缔造"强者"的命运。在20岁，她们因为青春而盛开，在30岁，她们会因为自信而绽放，40岁会因为丰盈而怒放，50岁会因为生命的充实丰盛而充满魅力。也就是说，拥有"强者"姿态的女人，内外兼修，风韵无敌。

其实，一个女人要是有了强者的姿态，即便她丑陋无比，也能生出几分性感来，也能让她随着岁月的流逝，散发出迷人的气质，焕发出强大的魅力来！

美国著名的脱口秀女主持奥普拉·温弗瑞本是个丑女人。按道理说，长相丑陋的女人要上电视做主持几乎是不可能的事，更别说要出名了，但奥普拉偏不这样想，并以百倍的自信去搏击自己的命运。

在通往成功的路上，她不断地与贫穷、肥胖、事业挫折等问题抗争，最终摘取了累累的硕果：通过控股哈普娱乐集团的股份，掌握了超过十亿美元的个人财富；主持的电视谈话节目"奥普拉脱口秀"，平均每周吸引3300万名观众，并连续16年排在同类节目的首位。如今的她已成为世界上最具影响力的妇女之一。

她说，每个女人都应该听从"内心的呼唤"，只有一个相信自己的女人才能成为生活和事业上的强者，"如果你相信自己有朝一日可以当上总统，也许有一天你就能如愿"。

如今的她已经50岁出头，但人们看到的依然是魅力四射的她。据说因为她而使很多女性甚至盼着能早点到50岁，好借此获得奥普拉一样的魅力。当然，拥有这样的魅力不只是靠年龄，而是不断搏击命运的强势姿态。

奥普拉用自己的言行告诉女人一个道理：只有强势的女人，才能拥有强势的命运！那种王者般的自信和激情是令全世界男性甚至女性为之倾倒的魅力！

由此可见，相貌，对弱势的女人，是个难题，而对强势的女人，不是问题。女人最先衰老的从来都不是容貌，而是那不顾一切的闯劲。

拥有强者姿态的女人，其最大的特点便是不断追求自我成长。杨澜曾经说过一段话："每个人都在成长，这种成长是一个不断发展的动态过程。我们虽然再努力也成为不了刘翔，但我们仍然能享受奔跑。"一个不断追求自我成长的女人总是不可捉摸的，她浑身永远都激荡着新鲜感，让周围的人尝不到乏味感和空洞感。这样的女人即便相貌丑陋无比，也亦是最有气质、最有魅力的。

很多女人都在追求物质财富，而强女人却会追求自我成长。其实，当你走过一段历程后，就会发现，当一个人内心强大，修养足够时，获得财富也只是顺带的事，成功只是优秀的副产物！所以，要做气质女人，从现在开始提升自我价值，让自己变得不可替代。

女人的成长要比赚更多的钱更重要！

女人的成熟比成功更重要！

踮起脚尖，挺起胸脯，你将能焕发出强大的魅力！

• 气质女人修炼法则

女人拥有强者姿态必须训练的六个素质：

有肚量去容忍那些不能改变的事；有毅力去改变那些可能改变的事；有能力去发现那些可有可无的事；有智慧去分辨那些非此即彼的事；有恒心去完成那些看似无望的事；有勇气去面对那些已经做错的事。

64. 栽下梧桐树，引来金凤凰

☆ 香奈儿说：女人这一生最大的事情就是经营自己。如果没有这个意识，随着青春的流逝，那么就很快会贬值被替代。

☆ 当你把买十件衣服的钱来买一件衣服，你的衣柜就经典了，你把做十件事的精力来做一件事，你的事业就经典了，你把注意力集中在自己身上，你自己就经典了。生活告诉女人，你把自己经营成女皇，自然吸引帝王，你把自己经营成公主，自然吸引王子，把自己经营到什么层面，就能吸引到什么层面的另一半。你若盛开，蝴蝶自来，你若精彩，老天自有安排。

　　一个有魅力的气质女人，其一生最大的事情就是要努力经营好自己。你想拥有什么样的人生，主要取决于你今天用什么样的态度和方式去经营它。一个不懂得经营自我的女人，通常会找一个"长期饭票"，并将它当成自己依存的资本，因为其经济的不独立，所以，思想和生活也谈不上独立，这样的女人因为缺乏自信和底气，所以即便再漂亮，也无气质可言。要知道，气质是女人由内而外所散发的一种吸引力，它需要内在力量和智慧的支撑，否则，再漂亮、性感的女人，也只是一副空壳而已。

　　试想，当一个女人自己不行的时候，再要求男人来爱，朋友欣赏，这可能吗？不可能！一个男人愿不愿意回家取决于谁？男人变不变心又取决于谁？取决于谁的吸引力大，谁的筹码大。男人更多喜欢的是一个有鲜活思想，有内容的、有血有肉的女人。所以，靠"长期饭票"生存，是最不安全的活法。身为女人，只有成为更好的自己，才能与更好的人相逢。你只有把自己经营成"女皇"，才能引来"帝王"。

刘倩是一名职业女性，相貌虽不佳，但身上散发出来的优雅气质让她拥有十足的魅力，无论走到哪里，都会被人围着、宠着，而她最大的资本就是懂得如何去经营自己。

刘倩出身于书香门第，年轻时，经常读书，充实自己的头脑，提升自我修养。同时，她还经常到一些俱乐部向一些成功人士学习交际的艺术。不凡的谈吐、优雅的气质，赫然让她变成了"女皇"，是周围诸多优秀男士所爱慕的对象。

一次，公司的一位客户专程从美国过来，千里迢迢，只为亲手递给她一束红玫瑰；她一个人去酒楼吃饭，有陌生男子会偷偷为她买单，让服务员转交给她联系方式；她去参加晚宴，一个男人见到她与她交谈后，立即四处向人打听她的情况，只想要到她的联系方式……无论在什么时候，她的身边总不乏优秀的男士追求。在诸多优秀男士的"围攻"中，刘倩从不沉溺其中，而是努力工作，勤于学习，从不放松自己。她学会了如何打高尔夫，学会了评鉴美酒，学会了温柔地聆听，学会了表达自己的意见，学会了摄影，学会了舞蹈，学会了让自己更为高贵美丽，学会了经营自己的前程。她不取悦男人，但男人喜欢她。她不是情人，却叫人难忘。她常给身边那些不受老公待见的全职太太们说的一句话便是："女人，若懂得经营自己，情人，也会输给你。"

可见，懂得经营自己的女人是最有魅力的，她们是勤于学习的，是独立的、自信的，能将自我命运牢牢地抓在自己手中的，这样的女人内在是充实的，所以，无论走到哪里都能散发出迷人的气质，都能被优秀的男士所围绕。

经营好自己，就是有自己的追求、梦想，将自己塑造成一个美丽、优雅、独立的魅力女人！

有人说，女孩子越年轻，越讨男人喜欢，这是一个定律！其实，这只是一个普通男人和普通女人的定律。以气质女神张曼玉为例，她已年过四十，但是你觉得，她今天美丽还是 20 年前更美丽，今天喜欢她的人多还是 20 年前喜欢她的人多呢？所以，无论岁月如何流逝，懂得经营自己的女人其阅历和智慧都在不断地升值，其人生也会不断地升值。

年轻的女孩子就像麦当劳里的汉堡一样，每时每刻都在产生。年轻的女孩子固然很多，但是真正优秀的女人并不多，主要在于多数女人都不懂得如何经营自己。

时间是无法改变的，也是不会停留的。但是聪明的女人却可以选择一点，你是让自己成为升值的人，还是一个贬值的人。如果你选择前者，那么，即便是你嫁了一个富有的男人，也要有自己的事业天地，有自己的圈子，这样才能让自己过上真正属于自己的光鲜的生活，用双手培植属于自己的梦想和精彩人生！

• 气质女人修炼法则

女人应该如何去经营自己呢？

要善待自己。懂得善待自己的女人，不会把所有的精力都用在事业上，也不把所有的心血都用在家庭上，而是要把时间、钱、注意力等用一些在自己身上，或者让周围的人更懂得爱护你、更尊重你的活动中去。

要投资自己。凌峰说："女人要在青春递减的时候，递增智慧。"其实，女人的青春和智慧都是要投资的，因为青春是短暂的，而持久的依赖关系是脆弱不可靠的。所以，女人最重要的是投资自己的智慧，并且学会用智慧去构建属于自己的事业大厦和美好人生。

64. 不做"三转"女人，摒弃"三等"女人

☆ 苏芩说："一个人，所有幸福的源泉，都来源自自身的价值感和存在感：要让他觉得，自己活得重要，自己对亲人、朋友乃至世界，是具有意义的。"

☆ 可以这样说，女人认定的"幸福"，看似跟"物质"联系在一起。实际上，"物质"的背后，折射出的，是一个人在这个世界上安身立命的一个"位置"。一个女人只有找准了自己的"社会"位置，才能拥有真正的"安全感"。

☆ 美籍华人喜剧演员黄西说："真心做自己喜欢的事，倾听内心深处的声音。从失败中学习，尝试了一些东西，有了失败的感觉，才知道自己喜欢什么。看自己擅长什么，而不是看大家都在做什么。行业没有贵贱之分，选择职业也是。走的路跟别人不太一样，不一定是坏事。"

女人，不到万不得已，一定不要把自己禁锢在家庭中，丢掉自己的社会属性，去做"全职太太"。作家曾子航说："老婆熬成'黄脸婆'，过去现在的原因各有不同。过去，黄脸婆是过多的生育给逼的；现在，则是过多的家务给害的。"当然，身为女人，偶尔下班回家做做饭、打扫打扫卫生可以提升自己的"性感度"，但是，一个女人如果把做家务当成自己的"终身事业"，那便是一种悲哀了。这样的女人，曾被称为"三转"女人，只知道围着丈夫转、围着公婆转、围着孩子转，永远都不可能活出自己的精彩。也曾被称为"三等"女人：即等着老公下班、等着孩子放学、等着电视剧开播。可以想象，一个完全失去"自我"的女人，会有气质可言吗？

一个真正聪明的女人，该有自己的追求和工作。不要惧怕失败，也不要理会你的职业是否能为你带来风光的未来，只需要做自己的事情，倾听自己内心的声音就够了，它至少可以让你充满自信，人生变得更精彩，而这些都是提升你个人气质所不可缺少的因素。很多时候，工作的意义并不在于你能赚多少钱，却在于你能够顺利地实现自己人生的价值和能否胜任。找一份工作的前提是自己一定要喜欢，只有喜欢才有可能热爱，才有可能在职业道路上找到适合自己的位置，发挥自己的才能，从而比较容易成功。

小娜是一个文化不高的女孩子，只念过初中，就到饭店里面做了服务员。虽然长相出众，但是学历上的限制，小娜只能做一些比较简单的工作。她一心盼望自己能够找到一个照顾自己一辈子的白马王子，自己就可以在家做全职太太，不用出来工作了。

小娜凭借自己出众的长相，找到了一个常来饭店吃饭的老板做丈夫。婚姻的前两年的确很幸福，并且自己也没有再出来继续工作，而是在家相夫教子。小娜虽然文化程度不高，但是却很喜欢制作手工娃娃，家门口的公交站附近有一家手工娃娃厂招女工，小娜一直想要去试一试。但是丈夫觉得小娜去做那种工作会给自己丢脸，又怕小娜在家里面待着无聊，于是，将公司里面打字员的工作让小娜去试试。

工作了一个多月，小娜对于自己的工作做得一点都不开心。每天面对一些自己都不懂的文件，还要一遍遍地机械地敲着键盘，她决定还是回家乖乖地相夫教子。随着时间的流逝，小娜逐渐地熬成了"黄脸婆"，为了守护住自己青春的容颜，每次美容护理皮肤的费用都在几千元以上，起初丈夫并没有说什么，后来就剥夺了她的经济大权。小娜因为自己没有赚钱，也不好意思和丈夫争什么，她忽然间觉得自己在家里面就像一个保姆，一点地位都没有。

当一个女人沦落为"三等"、"三转"女人，那么每天的任务就是"混"日子了。在极尽无聊的时光中，大把大把地挥霍自己的青春，随着时光的流逝而日渐衰老，最后被男人无情地抛弃。女人至少应该有自己的事业，并且在自己喜欢的事业上有所作为。这样即便是时光无情，

在眼角留下痕迹，但是你拥有自己的价值，你在工作上的出色表现也能赢得丈夫的认同和尊重。因为你也是家里面的经济支柱之一，你有一份自己能够胜任并做得相当出色的职业。

戴尔·卡耐基说："一个人只有热衷于自己的工作，他才不至于为工作而忧虑，并且很可能会取得成功。而热爱工作的前提是做出合理而恰当的职业选择，在此过程中一定要小心慎重，切莫草率行事。"女人倘若想要在一个合适的职位上做出一番业绩，首先必须花点心思弄明白自己适合什么职业，根据自己的爱好和能力选择自己的职业，这样你就可以既不高估自己，也不随便看轻自己了。

> **• 气质女人修炼法则**
>
> 独立的女人是不卑不亢的，没有一般女人的奴颜媚骨，也没有市井泼妇的尖酸泼辣，有的只是平淡如菊的心境。
>
> 著名影星郑佩佩说："我是女人的偶像，每个女人都希望像我一样，可以自己站得起来，有担当，不要被人欺负，在独立中尽显女人味。"

65. "气质"是条船，有能力的女人才能轻松驾驭

☆ 一个家庭幸不幸福，80%以上取决于女主人。有能力让自己幸福，有能力给男人幸福，才是聪明的好女人。

☆ 一位男士说："我并不需要一个只会撒娇、等待报偿的女人，我真正需要的是一位助手、一位伙伴，而不是成天要我照顾的小女孩。遇到困难的时候，又有谁来安慰我呢?"

☆ 唯有有能力的女人才能更好地驾驭好自己的生活，控制自己的思想，才能改变自己的生命状态，进而也才能去影响别人，吸引别人。

很多女人认为，只要留个长发，化个浓妆，穿件新衣服，就可以提升自我气质，在大街上一炫耀，就可以赚取较高的回头率了。殊不知，一个腹中空空，毫无内涵却把自己打扮得光鲜靓丽的女人，回头率倒是有，但多数都是充满鄙视的。

气质是需要深厚的内在做支撑的，它是种具有张力的特质，缺乏能力的女人，就没有自信来驾驭它！可以说，气质是承载女人魅力的船，有能力的女人才能够轻松驾驭。有能力的女人就好像是一株蜡梅，在万花凋谢的寒冬腊月，偏偏能够以傲人的姿态独立枝头，用自己独立坚强的本色吸引人的眼球。曾经有一位男人说过，即便是将全中国最好的化妆品都送给我，我也不做女人。因为她们大部分人，根本就没有能力去做男人能够做的事。看来，一个有能力的女人更具魅力和气质，更能够获得他人的赞赏和欣赏。

有很多女人都会问：是不是男人都不太喜欢太坚强、太独立的女孩？答案绝对是否定的。你可以试想一下，一个连生活中的大小问题都无法自己定夺的女孩，有什么气质和魅力可言？男人的确是喜欢小鸟依人的女人，但是并不代表喜欢没有能力的女人，一个事事都要靠男人的女人毫无气质可言，而且时间久了，男人就会觉得这样的女人没有属于自己的本色魅力。

于丽梅是一个温柔漂亮的女孩，是一家幼儿园的幼师。大学毕业后，她在家人的介绍下，到一家幼儿园做了教师。在每天下班的途中认识了当小学语文老师的庞伟，两个人不久就彼此喜欢上对方了。

在交往的一段时间内，于丽梅事事都需要庞伟帮忙，庞伟也非常乐意。但是时间久了，庞伟就有些不高兴了，因为有的时候自己很忙，还要一边顾着女朋友于丽梅。有的时候自己顾不到，她还会哭哭啼啼地耍脾气。

庞伟一次回家，看到哥哥带回来的女友，长相一般，但是做什么事情都十分的独立。听哥哥说嫂子大学刚刚毕业，就凭借着自己高超的交际手腕以及灵活的头脑思维，很快便稳坐在公司的销售部第一把交椅上。又因为聪明能干，而且能力强，被领导极其地器重。听到这些，庞伟不禁被眼前的这个相貌平平的女孩所折服，瞬间觉得她有与众不同的魅力和气质。

等到庞伟再次回到于丽梅的身边，这种强烈的对比和反差，让他再也无法忍受于丽梅了，于是他果断地提出了分手。因为，在他看来，这种找工作靠家人，生活靠男人的女人，没有任何的魅力可言，而且和她生活在一起，感到特别的累。

只有那些有能力的女人才能轻松地掌管自己的命运，驾驭自己的情感，焕发迷人的气质和魅力。一个有能力的女人，无论思考、语调，一举手一投足都更具自信和感染力。

所以，要提升自我气质，从现在开始给自己多些自信的能力吧！那种对工作专注的眼神与美好的仪态是展露你性感的最有效的方法。一位公司的女主管，她的身材略显高大，穿着也极为沉闷严肃，外形也不怎么出色，不过每当她非常专注而又自信地向客户讲述她的提案，说得在场的人都频频向她点头时，她就浑身散发出致命的吸引力。

苏芩也说，独立自信不是女人向男人宣战，仅仅是一种尊重自我。一个天天靠拴住男人乞求爱恋的女人永远不会是魅力场上的赢家。很多时候，女人的气质，表现为一种能力，是对自己，对他人的把控能力。这样的女人拥有足够的底蕴和自信驾驭起性感，尤其是那份不动声色的淡定气质，那种说不清，道不明的女人味儿，像暗香浮动，触人心怀。

生活中，多数女人都希望自己能有张漂亮的脸蛋，并靠这张脸蛋去获取异性的垂青和宠溺。但是那张漂亮的脸蛋却缺乏性感的气质，主要是因为她们爱扮娇弱，总希望男人能张开翅膀为自己遮风挡雨。不可否认，这样的女人可以激发起男人的保护欲，但这只不过是美在一时。没有能力去驾驭性感的女人，终究与气质无缘。所以，修炼自我气质，就努力提升自我能力吧！

> **· 气质女人修炼法则**
>
> 靠自己的能力，不依附男人的女人，都是最有气质的魅力女人。
>
> 只有思想独立，自主能力强的女人，才能够获得男人的欣赏。
>
> 当一个女人展露出自己的才华的时候，那种人人艳羡的目光就是一个女人有魅力、有气质的最好证明。

66. 没梦想的女人站灶台，有梦想的女人站舞台

☆ 美国脱口秀天后奥普拉曾说："一个人可以非常清贫、困顿、卑微，但是不可以没有梦想。"

☆ 小塞涅卡说："如果一个人不知道他要驶向哪个码头，那么任何风都不会是顺风。"

☆ 主持人柳岩说："梦想是一个多么'虚无缥缈不切实际'的词啊，在很多人的眼里，梦想只是白日做梦，可是，如果你不曾真切地拥有过梦想，你就不会理解梦想的珍贵。"

这个世界上，人人都需要梦想的支撑，不仅男人需要梦想，女人同样需要梦想。有梦想的女人站舞台，而没梦想的女人只能闲在家里站灶台。可以想象，一个天天围着灶台转的女人，有何气质而言呢？相反，那些美丽高雅，气质非凡的女人，都是在舞台上站出来的。

不可否认，梦想是人生的指路标，指引着一个人应该朝着什么样的路前进，以一个什么样的姿态去前进。所以说，梦想是一种能量，能催发女人内在的美丽。可以想象：一个为梦想而不断向前奋斗追求的女人，单是那种自信和执着，便能让她散发出迷人的气质来。

女人不会因为岁月的痕迹而显得苍老，反而会因为梦想变得更加美丽。美国总统威尔逊说："我们因有梦想而伟大，所有伟人都是梦想家。"一个为自己的梦想不抛弃、不放弃的女人，浑身上下都散发着迷人的气质。拿破仑说："不想当将军的士兵不是好士兵。"那么没有梦想的女人，也不会是男人心目中最理想的女人。

在如今这个社会，最不缺少的就是怀有梦想却不去努力实现的空想家。很多女人都喜欢将自己的美丽梦想挂在嘴边，但是却不从实际出发。要知道为了梦想而不断努力奋斗的女人，才是最有气质的女人，才是最美丽的女人。著名作家三毛就是一个敢于做梦，并努力实现梦想的女人。当三毛走进了撒哈拉沙漠的时候，很多人都说，不知道是三毛选择了沙漠，还是沙漠选择了三毛。其实，是梦想实现的动力，让三毛选择了沙漠。梦想的追求让三毛在沙漠中坚强，也在沙漠中绽放了自己的美丽。

张鑫出身于农民之家，自小她心中就有一个作家梦。在梦想的支撑下，她考上了一所重点大学，毕业后经过自己的不断努力，终于找到了一份与写作相关的工作。为了追求梦想，如今她已经 32 岁，仍是孤身一人。周围的女同事感到不解，她那么大年龄仍孤身一人还能天天哼小曲，真是乐观啊。有人问她："你一个人怎么还活得那么开心啊！"她说："因为我有梦想啊，一个有梦想追求的女人，无论你的梦想有多渺茫，可你的内心却总是富足的！所以，它会让人无论在怎样的境遇下，都能保持快乐！"

电影《中国合伙人》中有一句话是说，梦想是一种让你感到坚持就是幸福的东西。的确，一个人心中只要有梦，心中永远是幸福、快乐和富足的，对女人来说，保持乐观不是提升个人气质的法宝吗？

一位哲人说："一个女人可以没有美好的生活，但万万不能没有美好的梦想。"历来为人们所称颂的都是那种永不退缩，永不言败的女人。当你看到一个女人为了自己的梦想努力拼搏的时候，你就会不知不觉地为她的努力而动容。这种女人让任何一个没有梦想，不愿意奋斗的美女在她面前都会黯然失色。有人说："每个人都是一条毛毛虫，需要经过挫折和困难才能成为美丽的蝴蝶。"的确如此，梦想是人生的调味剂，有了梦想的女人，生活才会更加的幸福。梦想是女人的水晶鞋，能够让灰姑娘从平凡走向高贵，能够为自己梦想拼搏的女人，时刻都散发着迷人的气质。

人生不是漫无目的地散步，女人因为梦想而与众不同。无论是对爱情的勇气，还是对事业和人生价值的追逐，女人在这个过程中努力前行，并用自己的行动告诉我们：梦想，只要你肯努力，其实并不遥远。宝洁公司大中华区总裁李佳怡说："保持自己的女性气质和举止，努力去认识这个世界，永远不要放弃梦想，做自己喜欢的事情。"女人的梦想，就是女人的信念，是女人对自己未来与生命负责。梦想能够让一个女人灵魂优雅地高飞，能够让一个女人最具气质而成为最富感染力的人。

• 气质女人修炼法则

梦想并不是抽象的东西，而是需要你努力追逐就可以得到的东西。

无论世事在我们的胸口上划过多少伤痕，只要有梦想就有生存的激情。

因为可以追逐梦想，你会发现自己比原来更加快乐，更加充实，并感染你周围的每一个人。

67. 敢于"亮剑"，勇气让女人焕发持久的魅力

☆ 英国首相丘吉尔说："勇气是人类最重要的一种特质，倘若有了勇气，人类其他的特质自然也就具备了。"

☆ 不要把青春写在皮肤上，要把青春刻在内心里。如此，一生，年龄就只是个数字而已！青春的另一张面孔，是勇气。不是所有爱情都会被现实打败，不管是爱情还是事业，怯懦都会是你的"拦路虎"，会让你无路可走。

一个人的衰老是从"认命"开始的！每个人都有一段倔强的青春，写满了曾经的风华正茂。日后回想起来，只有那段不服输的时光，才真正属于自己。衰老跟皱纹无关，你认为自己可以活得与众不同，这就叫"年轻"。

《亮剑》向我们传达的是一种勇者的气魄，正所谓狭路相逢，勇者胜。一个不凡的人必然是勇气十足的，一个缺乏勇气的男人将会一事无成，对于女人也是如此。要知道，在当代社会，那些依靠男人混生活的女人已经完全失去了"市场"，那些有气质的魅力女人，都是能在事业场上风风火火，抓到机会便勇于"亮剑"的勇者。

有人说，女人最该有的奢侈品是勇气。女人是一种渴望永恒的动物，但可惜，在这个世界上，最永恒的东西恐怕只有一样：那就是变化。在面对变化的时候，一个女人只有敢于"亮剑"，才能将自己身上所有的潜能都调动起来，才会产生惊人的力量。当一个女人经常释放自己的潜在能量，在事业场上叱咤风云的时候，你能说她没有气质吗？

蒙田说："在全部的美德之中，最强大、最慷慨、最自豪的，是真正的勇气。"要做一个成功有气质的女人，绝对不是唯唯诺诺，"前怕狼，后怕虎"，而是应该拿出你的勇气大胆行动。

丽梅是一家广告策划的设计师，平时少言寡语，但是却是一个很干练的女人。有的时候，广告总监问谁有新的创意的时候，丽梅总是第一个举手示意，然后将自己设计好的广告拿给广告总监看。总监对于丽梅的广告采纳的并不多，但是，却很欣赏她的勇气和想象力。

丽梅的话虽然不多，但是这并不影响她在大家心中的优秀形象，同事佳影很喜欢丽梅的行事态度，并觉得她浑身上下充满了力量，广告运营总监也很喜欢丽梅，她说在丽梅的身上总能看到一种独特的气质，这种气质是任何名贵的化妆品掩盖不了的，是任何名牌的服饰难以超越的。

女人的气质来源于自信，而自信则来源于内在的丰富内存，当一个女人勇敢地做出决定的时候，其实也是自信的体现，更是魅力的展现。她们面对激烈的社会竞争，勇敢地主动出击，不怕让别人看到自己的"张扬"，让别人知道她的存在，她的能力，因为她们懂得机不可失，失不再来。良好的机会靠的是自己抓，而不是傻等，更不是羞于展现而原地踏步。这种积极主动并富有挑战精神的女人活出了自己的个性和强大的气场。

气质对于女人来说尤为珍贵，勇气对于女人来说就更加的珍贵了，因为勇气可以增添一个女人的气质指数，一个勇敢地面对挑战的女人，以及她临危不乱的智慧，这种气质不是那种小家碧玉所能比拟的。历史上梁红玉和花木兰并不多，所以她们的勇敢流芳百世，那个 14 岁就敢于驯服皇帝的烈马的武媚娘只有一个，所以，她成为了女人之中唯一的帝王。她们的气质都是独一无二不可超越的，所以女人要有勇气，才有独一无二的气质。

 68．不做"白日梦"

　　☆ 张小娴说："白马王子能把你带上马，也能把你扔下马，除非你自己有马，可以跟他齐头并进，或者，比他骑得更快。"

　　☆ 这是一个独立"她"时代，"她"已经从过去的持家主妇演变为当代的社会才女，所扮演的社会角色与以前相比也是天壤之别，"她"的战场已不在卧室和厨房，而在自己的"私人银行"！

　　☆ 只有财务独立才能获得真正的独立！有强大的财力，才能活出属于自己的美丽！有足够的经济实力，生命也才会有活力！

　　女人大都爱做"白日梦"：梦想能找到"白马王子"，梦想自己变成一个"万人迷"，然后再找到一个能给自己提供丰厚物质保障的老公……在多数女人心中，让自己变漂亮，有魅力，其目的只有一个，那就是能为自己找一个可靠的"长期饭票"。这些女人都有一致的观点：我们生活在男权社会中，自己再有才，再去努力，去争取也只不过是男人看面子对我们稍微做出的让步而已。绝大多数的情况下，还是要栖息在男人的羽翼下，那里才是最安全的。

　　既然这样说，那你就不得不要为自己以后的安全考虑一下了。男人的羽翼固然能够为你遮风避雨，但是，我们且不说那张羽翼是否会发生一些不可抗拒的意外，如果他们的羽翼张开后，下面多了一个被保护者，或者干脆换一个需要被呵护的人，你该怎么办？难道你就甘愿蹲在旁边，祈求他能够将一点多余的量施舍给你？

可别忘了，可怜的人是不能得到别人的真正的同情的，唯有靠自己站起来，才能够获得别人的尊敬与帮助。而能够使你从这种不幸的遭遇中勇敢站起来的，只有钱。换句话说，只有经济独立的女人才能获得最大的安全筹码，才能够拥有真正独立的人格。所以，真正聪明的女人会常做"富婆梦"，而不做"白日梦"。

很多人都羡慕蕾蕾，认为她一毕业就能够嫁给一个有钱的老公是一种绝对的幸运。刚开始蕾蕾也这么认为，她想，婚姻是女人一生最重要的事情，只要嫁给了有钱人，也就握住了人生的一半幸福。

结婚后，蕾蕾过上了富家太太的生活，尽管她有绝对的能力养活自己，但是她却放弃了出去工作的机会。她想："老公的收入足可以让自己一辈子都衣食无忧了，自己何必再出去为了那一点点'微薄'的工资而辛苦奔波呢？"但是，这种令人羡慕的家庭主妇的生活，却因为自己平时有限的零用钱而让蕾蕾顿生厌倦。

老公虽然有钱，但是对钱管理得很严，见她天天在家闲着，也从来不会主动给她零用钱花，除非蕾蕾主动跟他伸手要。蕾蕾的老公始终认为自己的每一分钱都是自己辛辛苦苦打拼出来的，他并不赞成蕾蕾动辄就去商场买一件几千块钱的大衣，认为这是一种浪费、挥霍行为。对老公的这种行为，蕾蕾很是不满，她常常埋怨老公是个"守财奴"、"小气鬼"，于是家庭矛盾便产生了，两人经常会为了家庭开支的问题争论不休，直至大吵大闹。

蕾蕾的婆婆得了重病，老公想让蕾蕾去伺候婆婆，替自己尽尽孝道。可蕾蕾却建议去为婆婆请个保姆。这下可惹怒了老公，两人又一次大吵了起来，两人的矛盾立刻升级。这时，蕾蕾明显地感觉到，他们的婚姻出现了裂痕，她没想到，自己原本憧憬的美好富足的生活竟然因为金钱而变了质……

不可否认，无论什么环境，无论哪个时代，经济独立都是女人享受幸福生活的前提和保障，当然，它也是提升女人自信和勇气的重要法宝。

有句话说，金钱不是万能的，没有钱却是万万不能的。的确，在生活中，不论你处于何时身在何地，无论你想恋爱还是想结婚，无论你做事还是休闲，总是离不开钱的。对于一个女人来说，你可以妄想向男人要钱，但是，当你手心朝上的那一瞬间，也意味着你失去了自尊。正所谓"吃人嘴短，拿人手软"，在男人心中，无论你处于怎样的地位，当你伸手向你的他要钱时，你便在无形中受制于他了。

一只养在笼里的金丝雀也许可以免遭风雨的袭击，但它却是以丧失部分自由、尊严和安全感为代价的。一只翱翔于天际的燕子或许会被谋生的艰难击得遍体鳞伤，但它却可以轻而易举获得金丝雀无法获得的一切。

伍尔夫在《一间自己的房间》里说，每个女子都必须有自己的房间，经济独立可以使女人不再依赖任何人，可以平静而客观地思考，以自己的性别体验"像蜘蛛网一样轻附着在人身上的生活"。所以，每一个女人都该拥有自己的事业，常做"富婆梦"，争取获得经济上的完全独立，这样命运才不会绝对地掌握在别人手中。否则，一旦失去了往日赖以生存的"依靠"，你拿什么来面对明天的生活呢？

• 气质女人修炼法则

香港女作家张小娴曾说过："女人想要的东西不外乎有三样：男人、爱情、安全感。"可是你是否认识到，这个安全感是既包括精神层面也包括物质层面的。找一个能给你爱情但没有钱的男人，你就会没有物质方面的依靠；找一个有钱的男人，他不一定能给你爱情；即使有钱又有爱情，你不禁又会担心这一切是否会长久。说来说去还是失去了安全感。

总而言之，安全感对女人来说还是最重要的。而从某种意义上来说，金钱是一个人获得独立和安全感的前提。关于这一点，有很多女性就不曾意识到。

69．用"知识"扩充自己的"内存"

☆ 改变世界的，不是智者，也不是勇者，而是能坚持不断学习的人。

☆ 书能够给予一个人最初的人生启蒙乃至终身的影响。当代许多成功的女性在回顾自己的成功经历时，常常与一本或几本好书联系在一起。只有以知识为后盾，才能在面临大事时有底气，才是女人价值升值的保证。

有气质的女人，是爱学习的，她们常用"知识"去充实自己的头脑，扩展自己的"内存"。这样的女人给人的印象总是高贵和典雅的，而且极富神秘的色彩。这样的女人，谈吐不凡，讲起话来就会如同春风细雨般沁人心田，充满了迷人的气质。有知识的女人，无论在何种场合，遇到何种问题，她们都会依据自己的知识，说出自己独到的看法，独到的见解。在别人绞尽脑汁、不知如何解决问题时，她们则会依据自己的经验与积累，来辨明问题，从而最终解决问题。相反，那些不学习，脑中空空，没有内涵的女人往往把生活中的困难当作是老天的惩罚。当一个女人停止学习时，也就意味着，她只能在无知的世界里来回打转。当然，这里所说的"知识"，并不仅仅指书本知识，还包括"社会"这本无字书。

月红和月霞是一对姐妹，月红由于爱玩，很早就不读书了，流入社会做了一名服务员，月霞读完了大学，一个人跑到大城市去做了都市女白领。家乡的人说女孩子还是得多读书啊，读了书才有出息。月红听了他们的话觉得自己也能去，于是联系妹妹，说自己也想去大城市闯一闯。月霞将姐姐接来，教她怎么做个人简历等一些问题。

但是很长时间过去了，除了个别公司有学历要求的，其他的公司给月红做了测试，结果就是月红除了能够干一些杂活以外，什么都不会做，没有一家公司愿意要她，要她的公司只不过也是要她做最简单的清洁工作，给的工资还很少。月红也想像妹妹月霞那样，每天悠闲地坐在办公室里，不用将自己整天弄得脏兮兮的，但是，她不得不后悔，当初为什么没有好好读书，努力改变自己的命运呢！

其实不管是从什么渠道获得的知识，都是女人改变命运不可缺少的养分。美容改变了女人的外表，读书改变了女人的内心。美貌改变了女人的外在，知识能够改变女人的命运。当你看到一些生活中外貌娇美、衣着华丽的女孩子，张口闭口就是满嘴脏话，你会觉得她们的行为给自己添加了光彩吗？这样的女人永远都难登大雅之堂。当一个温婉的女人，面对你的困惑侃侃而谈，能够将所有的知识融会贯通，也许她不美丽，但是你总会觉得有种气质吸引着你。

如果说社会是一个精彩非凡的大舞台，那么女人的知识还不仅仅局限在书本上，有的时候更集中在看不到的知识上。知识的广博能够让你领会到别人无法看穿的机遇，深厚的文化内涵能够让你变得更加的沉稳，知识改变的不仅仅是命运，更加让女人掌握了几种不同的生存技能。

女人要学会用知识改变自己的命运，用知识来吸引别人的目光，外表的美丽是短暂的，内心的底蕴深厚才是长久的，品读那种底蕴深厚的女人，就像喝了一杯唇齿留香的茶水，让人流连忘返，爱不释手。这样的女人也必定是有气质的，思想内涵深厚，知识量广博，靠自己的双手赚钱，并靠自己的力量改变命运，这样的女人永远都是一道最靓丽的风景线。

· 气质女人修炼法则

有知识的女人，往往是坚定而自信的。她们典雅大方，谦虚好学，这样的女人一般都拥有过人的智慧。对男人来说，如果能与这样的女人在一起，必定是一笔不可估量的财富。因为她们拥有母亲一样宽广的胸怀，拥有少女般的天真烂漫，拥有成熟女性的风姿绰约，一切尽在神情中，一切尽在举手投足间，她们亦是滋润心田的甘泉，是成功喜悦时的激励，是心灵受伤时的抚慰，亦是值得一生珍藏的财富。

70. 婚姻不是"安乐窝"，而是事业的"加油站"

☆ 对于一个有追求的女人来说，婚姻是事业的"加油站"，而非是安放自我的"安乐窝"。

☆ 每个女人都该经常问自己：我是谁？我想从生活中得到什么？一个已婚女人如果在丈夫和孩子之外还能拥有属于自己的目标，这才是女人最好的结果。

☆ 一个有气质的魅力女人，不仅仅是属于家庭的，她首先是属于自己的，然后才属于家庭，属于社会。这样女人才能获得最完美的人生和精彩的生活。

生活中，很多女人选择婚姻，是为了寻求一个终身的依靠。她们通常把家庭当作爱情的终点，当作个人停止进步的"安乐窝"，然后会把"自我"稳固地安放在小家中，家长里短，鸡毛蒜皮，蹉跎岁月。可以想象，当一个女人把"自我"弄丢，天天蓬头垢面，带着围裙，穿着拖鞋，一手抱着孩子，一手拿着勺子，满厨房乱窜的时候，她会有气质可言吗？对于有追求，眼光高远的智慧女人来说，婚姻对于她们是事业腾飞的"加油站"，是爱情臻于成熟和完美的新起点。这样的女人，不仅

属于家庭，更属于自己，所以，在任何情况下，她们都不会放弃自我梦想，放弃人生的梦想和追求。她们脚踩长筒鞋，穿着职业装，走在人群中，像一面高高扬起的旗帜一般，那种骨子里面透出的自信和气质，足可以倾倒一切。

民国才女林徽因便是一个能时刻保持自我的魅力女人。她出身名门，人艳如花，并且才华出众，在当时的年代，她本该嫁一个富有人家，在家里养尊处优。但是，她却选择了建筑这个苦行当。16 岁出国留学，学成归国后，嫁与梁思成。

婚后，她没有在家庭中丧失自我，而是与丈夫一起拖着孱弱多病的身躯，用极为简陋的交通工具，奔波于穷乡僻壤与山峦沟壑中，从事极为艰辛的古建筑勘探与测绘调查，对中国古建筑研究做出了开拓性的贡献。他们历时五年，奔走于中国大江南北的荒山野岭间，跑了一百多个县，走访了几百座古代建筑，用极为简陋的工具，采用极为古老的办法测绘了大量的第一手资料，成为中国古代建筑研究的先驱者之一。

在 1949 年，他们又参加了国徽图案的设计工作。据记载："那一年，林徽因和梁思成的身体都很不好，几乎轮流生病，但他们还是兢兢业业和大家一同不断地修改图案。当年新林院 8 号林徽因夫妇的家，其实就是名副其实的国徽设计中心。经过几个月不分昼夜地奋战，国徽图案终于诞生了。"后来，她又与梁思成一起参与了人民英雄纪念碑的设计工作。

有人说，如果没有林徽因的帮助，梁思成在事业上很难取得大的成就。对此，梁思成曾坦诚地说："我不能不感谢林徽因，她以伟大的自我牺牲来支持我。"这并不是一般客气的话，这是对林徽因成就的由衷肯定。但聪明的林徽因何尝不明白，她支持丈夫成就事业，实质上也是在成就自己的梦想。

一个真正有追求的气质女人，绝不会以婚姻为自己人生的最终归宿，更不会故意找个男人去依附，而一定会在婚姻中寻求"自我"，紧追梦想，演绎属于自己的精彩人生。就像林徽因一般，她本身就是有一只翅膀的天使，走进婚姻，也是为了找到自己另一只翅膀，以便相互扶持，振翅高飞，搏击另一片崭新的领域。

电影《喜宝》中有这样一句话，是说，做一个女人要做得像一幅名画，挂在墙上被人欣赏才是王道。千万不要做一件衣裳，被男人穿了又穿，最终残了旧了，只有被无情抛弃的份儿。身为女人，做名画还是衣裳，完全取决于你能否在爱情中不丧失"自我"，在婚姻中时刻能找回"自我"，坚持自己的梦想或追求。

不可否认，有事业追求的女人是美丽的，在男人眼中，她们才情横溢，不断提升自我，与这样的女人生活，其乐趣是难以言表的。她们或许不是花瓶般的绚丽，但却能让男人静，让男人甜，让男人乐，让男人敬。

在经济如此发达的当下，女人选择当全职太太，如果是女人的决定，是因为她的退缩和懦弱，这样的女人很容易在婚姻中失去自我，更难以握住自己的幸福。而如果是男人的决定，那实在是太过自私的表现，它只会将其婚姻推入危机的边缘。

在多数丈夫的心目中，一个事业上有追求的女人，是最有魅力的，这种魅力是如此厚重，她辛勤工作的身影，随时洋溢的才华，是最迷人的，最禁得起岁月的磨砺和推敲的，这样的女人，最值得男人给予付出更多的体贴与关爱。

所以，对于诸多女人来说，如果老天善待你，给了你富有的丈夫和优越的生活，请不要收敛了自己的斗志。如果老天对你不够疼爱，百般设障，也不要轻易磨灭了自己的信心与向前奋斗的勇气，它是决定你日后逐渐增值还是贬值的关键。

• 气质女人修炼法则

　　有气质的女人似一杯清茶，其中的清秀一定要留给懂得品尝的人。别让那些没有品位的人践踏了你的清纯气息。有气质的女人是一片蔚蓝色的天空，它可以是悲伤的，也可以是宽敞的，但，请记住，它一定是有追求的。

　　女人到了二十几岁后，一定要有明确的梦想，然后再为了这个梦想去奋斗，当你确定了一个梦想后千万不要改变，就好像当你发现一个可以帮你实现梦想的男人，想办法让他成为你的老公。有了老公做后盾，那你的梦想就能很好地得以实现。

Part3 妆扮美丽：
提升气质，"妆"修"面子"是关键

　　一个女人，若单有内蕴深厚的内在，而外表邋遢粗糙，也是无气质的。要提升气质，"面子"的"妆"修也是极为关键的。我们走在街上，那些衣着合适、妆容自然，给人以亲切、靓丽、自然的美丽女子，都是众人所关注的焦点。你不需要知道她们的名字，不需要了解她们的个性，不需要考验她们的智慧，只从第一眼上看，就能享受到视觉上的美感。诚然，女人的气质不能够单单以外表来衡量，但至少在"第一眼"上赢得认可的美丽女人，能够在社交、婚恋、事业方面赢得更多的机会。所以，要提升气质，一定要学会"妆"修"面子"。

学点美"妆"术，做镜子前的"艺术家"

女人的相貌是上天赐予的，有的天生丽质，有的相貌普通，这是极难改变的。但我们却可以通过巧妙的化妆术，让自己散发出迷人的气质。整洁的仪容、得体的妆容、巧妙的遮掩，总之，只要妆容得当，无一不能让女人展露出最美丽的一面。只要你爱美，并能懂点美"妆"术，则可以做镜子前的"艺术家"，让自己成为楚楚动人的气质美女。

71. 妆扮"千面女人"，不做"铅面女人"

☆ 面对美丽，人心总是卑微的。那些被漂亮异性折磨得遍体鳞伤的男人或女人，不见得他们没有足够成熟的心智，仅仅是因为，他们没有那种敢于藐视美丽的自信与自傲！

☆ 法国香奈儿品牌创始人可可·香奈儿说："我无法理解，一个女人怎么能够不稍微打扮一下就出门，哪怕是出于礼貌。而且谁也说不准，也许那天就是她遇到命中注定的缘分的日子。为了命中注定的缘分，最好是能多漂亮就多漂亮。"

女人要做"千面女人"，而不是"铅面女人"。什么是"铅面女人"？你可以理解为"洗尽铅华"，没有任何装饰的女人；也可以理解为被含

"铅"的化妆品覆盖的女人。前者，直接裸露自己的肌肤，从不化妆，什么时候看到她都是那副无精打采的样子；后者，就是那种胭脂粉重的女人，经常将自己的脸涂得花花绿绿的，显示出肤浅且俗不可耐的样子。而"千面女人"，则会每次在出门前，都会根据不同的场合，略施粉黛后，"妆"出自己最美丽的一面，成为人见人夸的"百变美女"。

女人要做"千面女人"，而非"铅面女人"。前者时时能用"百变美丽"焕发出迷人的气质和风采，带给人的永远是新鲜和惊喜，而后者给人的要么是倦怠，要么是肤浅，惹人厌恶。曾有这样一个笑话，道出了"千面女人"和"铅面女人"的区别：

一位丈夫决定要和妻子离婚，态度异常坚决。而家里的太太已经年过四十，每天为家操劳，省吃俭用，皱纹丛生，已经成为了名副其实的"黄脸婆"。想想自己年轻时候的模样，再看看现在邋遢的自己，女人很不甘心，反对与丈夫离婚。于是，两人经常发生争吵，闹得不可开交。

一天，他们又为离婚的事大吵一架。末了，太太终于抚平了情绪，对丈夫说："如果真想离，那就等一下吧，我回屋去化个妆咱们一起去办手续。"

太太回屋，拿出自己老舍不得用的高级化妆品，精心地把自己的脸蛋"妆"修了一番，然后穿上漂亮合体的衣服，站在镜子面前，展露出笑容，俨然成了一位"美人"。丈夫千等万唤，终于看到妻子笑着出来了。可他完全被眼前的这个漂亮的、风姿绰约的女人给惊艳了，他只好投降，摇头叹息："算了，算了……"

这虽是一则笑话，但道出这样一个道理：一个女人让自己丑，就等于让男人对自己狠。一个不爱美，不懂得妆扮自己的女人，是丑陋的，是没自尊的。同时也说明，男人在任何时候，永远只对一类女人狠不下心——美女。为此，女人在任何时候都不要在"面子"问题上懈怠、偷懒，它让你失掉的不仅仅是机会，还有尊严。

很多女人在恋爱的时候都是"千面美人"，都很会刻意地打扮自己，甚至会一天一个妆容，一天一件衣服。而结婚后，因为彼此熟悉，或者因为工作和生活的压力把自己搞得很颓废，脸上总是显露出忙于家务，疲于操劳，心绪不佳的神态，没有一丝神采闪现，铅华洗尽，便成为名副其实的"铅面女人"。丈夫走在大街上，看哪个女人都比自己的老婆娇媚，个人风韵十足，长相标致，不禁感慨：老婆都是人家的好啊！其实，女人在婚后更应该注意修饰自己的仪表，精心打扮自己，时刻让丈夫觉得自己的妻子有气质，使自己保持洁净的妆容，展现一种"新鲜"之美，如此才能够吸引丈夫的心。

其实，喜欢化妆且擅长化妆的"千面女人"，大都是有魅力的，她们不会为了丈夫、孩子，消耗自己太多的精力，然后不加修饰就带着疲惫不堪的倦容出去交际，更不会浓妆艳抹，把自己搞得俗不可耐。她们知道自己的美在哪里，更知道如何张扬这一点美的点睛处。这样的女人是自信的，有气质的，更是具有出众的工作处世能力。那些引人艳羡的职场丽人，正是指她们。这样的女人，总能给人一种"惊艳"的感觉，为她们的友情、爱情涂上一层靓丽的色彩，成为人见人爱的魅力十足的"百变女王"。

• 气质女人修炼法则

"新鲜"的女人还是健康的女人，"病态美"不再是女人推崇和男人怜惜的神话了，新时代美女的标志是拥有健美的体格，丰盈的体态，焕发的精神。

无论男人还是女人，寻找美丽，是一种惯性。生活中，那些在美貌面前保持理智，并口口声声宣称"漂亮的外貌并不重要，内在美才是真正的美"的人，当美丽真正降临眼前，其之前的理智全部都会被打得落花流水。

72. "一眼倾城"的气质女人是"妆"出来的

☆ 梁晓声说："女人要活得有理智，用三分之一的心思去爱一个自己值得爱的男人，用三分之一的心思去爱世界和生活本身，用三分之一的心思去爱自己。"

☆ 一个完美的女人是"妆"出来的，一个简易的妆容不但可以改变你的外观年龄，还能起到焕发青春的作用。女人只有学会如何打扮自己，才能为自己带来好运。

☆ 大多数的女人是没有沉鱼落雁之美貌的。外在的东西是父母给的，谁都没有办法。身为女人，外在美是日常生活中很重要的一个问题。不论外在美还是不美，女人一定要爱美，爱美才使女人活得像一个女人，爱美才能使自己平凡的面孔生出一些不平凡来。

在电影《本能》中，好莱坞女星莎朗·斯通塑造了一位性感过人的畅销小说家，每一次出场她都是靓丽的妆面，片中的一举一动一直让很多男人至今都难以忘怀、津津乐道，莎朗·斯通也因此成为具有全球影响力的性感女星。但在现实中，不化妆的莎朗·斯通却叫人大跌眼镜。她不化妆和妆后的脸之间界限分明，她说自己"从头到脚都是皱纹"。看着那张没有精致妆容、没有经过电脑修片、犹如老婆婆一般的脸蛋，就算是身经百战的狗仔队也被吓了一跳。

其实，女人的美丽不仅源于天生丽质，而且还出自整体的妆容效果。好的妆容都是女人用智慧和修养精心地雕琢出来的，那份与身体的和谐，那份洋溢于周身的风采和丰韵，那份内心世界精彩的描述和渴求。要做个有气质的闪亮美女，首先要爱美，任何时候都要注意妆容，让美丽成为自己的一种习惯。这种习惯一旦养成，不但可以给他们留下良好的印象，得到更多的机会，同样可以显示出自己的一种健康积极的

心态，增加自己的快乐和自信，如此一来，气质便自然提升。相反，一个邋遢不懂修饰的女人，就算生得再漂亮，也毫无气质可言。

白静是一家外企公司的白领，相貌不俗，身材也不错，唯一一点就是脸上有些斑。但因为她气质良好，再加上有一副好口才，使得她在同事圈中还有佼佼者的形象。可是最近，她因为每次都工作到很晚，所以白天起来她也懒得修饰，几乎都是裸容上班，有时候起来晚了，连爽肤水也懒得拍，就匆匆忙忙赶去上班。

一次，公司来了大客户，经理觉得她善交际，就派她前去接待。结果当客户看着她一脸疲惫地走过来，顿时觉得其公司作为外企，里面的职员妆扮还如此随便，立即对公司产生了质疑。白静马上意识到了自己的失态，都是因为早晨起来，根本没有化妆，自己还带着倦容与客户见面，看起来糟糕透顶了。

由此可见，不好的形象只会令女人错失更多的机会。一个气质美女，是会把"美丽"当成自己的一种习惯来坚持的，用"一眼倾城"的容貌来为自己赢得更多的机会。

当然了，"一眼倾城"的美丽虽能增加女人的气质，却并不是一件容易的事，毕竟那么多的化妆品，那么多的化妆工具，那么多的化妆色彩，仅仅知道一些化妆方法是远远不够的，你得花一些时间练习常规的化妆技巧，才能够应用自如。一般来说，我们需要注意以下几点。

战国时期宋玉在《登徒子好色赋》中这样描写过一个倾国倾城的美人："天下之佳人莫若楚国，楚国之丽者莫若臣里，臣里之美者莫若东家之子。东家之子，增之一分则太长，减之一分则太短，著粉则太白，施朱则太赤。"恰到好处的妆容似乎是女人的一个梦，难以企及。其实，对恰到好处的简单理解便是——适合自己。不管化妆水平怎样，你要像自己，而不是别人。这样给人的感觉才会接近自然，才会舒服，越是真实自然的脸，越富有吸引力。

由于基本上缺乏精细的修养观念和习惯，也缺乏时时刻刻对形象严格要求的意识，大多数女性的妆面不够精致，修饰常有粗糙的痕迹，如口红边沿模糊、粉底浮乱、不修眉毛，等等，这些都会破坏一个人的气质。为此，我们一定要准确把握化妆规则，尽力做到精致一点。精致需要长时间培养和打磨，它是女人品质最突出的一种表现。一旦你学会精致地化好口红，画出一条流畅清晰的唇线轮廓，你的品质和品位便增添了许多气质。

和谐是化妆的极致境界，和谐有三个层面的含义：一是妆面和谐。妆面和谐就是各部位的妆面在风格、色彩上都要协调。如眉形柔美，唇形也应柔美；如眼影是冷色调，口红也要冷色系。面部是五官分布集中、视觉反应很强烈的部分，妆面不和谐会极大降低女人的品位；二是妆面与整体形象的和谐，也就是妆面跟发型、服饰、佩饰等关联部位的和谐；三是与外环境的和谐。所谓外环境就是你想表现的气质，要参加的场合，还有你的年龄、职业和社会地位，你要善用化妆手段巧妙表达和强化它们。你的妆容如果能达到这几点要求，便能在公众场合拥有"一眼倾城"的吸引力。

• 气质女人修炼法则

女人要明白：化妆不单单是给别人看的，化妆能让自己也拥有一份好心情。给自己化个简易的淡妆不过就是几分钟的事情，偶尔下楼取报纸、信件、牛奶，就是叫邻居看见了，相互招呼一下，也有周正的印象。一个简单的妆，只需要在皮肤清洁保养后，用基础色调整下肤色，再稍稍刻画一下五官的立体感就可以。这样看起来，既干净又整洁，还能掩盖平常的倦容和缺陷。

73. 女人最讨喜的妆容：裸妆淡抹

☆ 女人的美千千万万，让男人动心的也许是浓妆淡抹铅华相宜，但最让男人动情的一种则是——一脸清爽，一脸亲和。

☆ 一个浓妆华服的女人，即便美艳，即便亲善，但是脸上厚厚的一层粉黛，总能让她与别人产生一种隔膜，很难讨来他人的第一眼好感。

☆ 苏芩说："心理学家指出：那些最具亲和力的人，往往是那些脸型较瘦、脸色红润，微微带有黄色色调，或者脸色明亮的人。最不受人欢迎的人往往有一张肥胖且苍白的脸。"

☆ 女人的浓妆艳抹，会让五官变得僵硬，无论这个女人有多美，但那张脸，总会让人感到她戴着一副面具，让人产生隔阂，亲近不得。

在一个化妆间里，一位女人曾问一个高级化妆师："什么样的妆容才是最美丽的？"这位年华已经逐渐老去的化妆师露出一个浅浅的微笑说："化妆的最高境界可以用两个字来形容，就是自然。最高明的化妆术，是经过非常考究的化妆，让大家看起来好像没有化过妆一样，并且这化出来的妆与主人的身份相匹配，能自然表现出那个人的个性与气质。次级的化妆就是把人凸现出来，让她醒目，引起众人的注意。拙劣的化妆是一站出来别人就发现她化了很浓的妆，而这层妆是为了掩盖自己的缺点和年龄的。最坏的一种化妆，是化过妆以后扭曲了自己的个性，又失去了五官的协调，例如小眼睛的人竟化了浓眉，大脸蛋的人竟化了白脸，阔嘴的人竟化了红唇。"可能，令很多女人都不曾想到，原来，化妆的最高境界竟是"裸妆"，竟是自然，这确实出乎人的意料。

在生活中，很多女人总喜欢把自己的脸上涂得花花绿绿，浓妆艳抹，这样的女人大多庸俗、肤浅，表现欲强，总渴望成为众人的焦点。

殊不知，这种做法，只会降低自己的气质，影响美观，其厚厚的粉黛无疑像一堵墙一般，隔开了人与人之间的距离。而那些会妆扮的女人，总是一脸素净，反映了心思单纯、真诚善良的内心，尤其是一笑起来，亲和力十足。这样的女人，总能将自己最真诚，真实的一面展露给别人，所以，也极能引起他人的好感。

裸妆是淡妆的一种，但是裸妆并不代表着裸露，主要是以一种表现自然的化妆的方法，它可以让女人们摘下厚重的面具，突显非凡的气质，呈现出完美的透亮轻薄的感觉。这种化妆方法，既能够让肌肤得到很好的呼吸，又能够遮住暗淡的肌肤，使得肤色能够亮丽。如果一个女人在不了解什么妆容适合自己的时候，裸妆无疑是你最佳的选择。

那么，女人要化裸妆，可以从以下几个步骤做起：

1. 先对肌肤进行基本护理：即涂抹爽肤水、乳霜。再均匀地涂上隔离霜，打上粉底然后用掌心按压全脸，直到看起来自然为妙。

2. 用横刷在蘸取棕色眉粉后，从眉头开始描画眉毛。裸妆因为眼妆不突出，所以，眉毛可描画得浓一点。

首先，画眉的时候先用剪刀修整一下较长的眉毛，然后使用修眉刀把多余的杂毛修掉，接着用眉笔将眉头描绘出来，这样会让妆容看起来干净清爽。要确定眉形的时候，从眉毛 1/3 的地方或者是眉毛弯曲的地方开始画起，慢慢向前推，这样画出的眉形会很自然。定型之后，用眉刷将眉形均匀地刷匀，这样会让眉毛看起来自然完美。

企业生存管理专家郑伟建博士说："眉毛，最能显示女人的性格。"每个人的眉毛都有所不同，有的人眉毛浓密，有的人则是稀疏，画眉要根据具体的情况具体分析。

3. 接下来开始妆饰"眼睛"。在画眼线的时候，先用黑色的眼线笔从眼头开始画，化上眼线的时候尽量往里化，眼尾只要自然向上拉长一点就可以。在描绘下眼线后最好用眼影刷推开将眼线边缘自然地微微晕开，形成渐进，会让人看起来更舒服。但不要晕染太多不然眼部印象会减弱。将假睫毛贴紧睫毛根部，擦上胶水固定在睫毛根部上。由根部往睫毛末梢一节一节往上夹，让睫毛曲线变得更好看，睫毛延伸且侧面弧线极佳。眼尾睫毛可用特制睫毛夹再夹翘一点，能让眼型延伸，放大眼型且深邃。下睫毛同样的方法。

女人值得注意和提醒：一般眼线膏比眼线笔的效果更明显，颜色也更富有光泽，两者搭配使用，可以让眼妆更显妆容的精致。

4. 涂抹唇蜜要适量，过多地涂抹会让双唇显得厚重。裸色系的唇蜜会更显气质，所以先用唇部遮瑕膏将双唇饰色，再将唇蜜涂抹双唇的中心，并轻轻晕开，如果想要让自己的唇色看起来更具亲切感，可以一气呵成地由一侧涂抹到另一侧，不管涂抹的效果如何，一定不要重新涂抹没有涂到的地方。当然你也可以用米色的口红将嘴唇打完底后，再涂上浅粉色的唇彩，这样也会更显干净的气质。

另外，可以适当地使用腮红，因为裸妆不需要有多么明显的腮红，所以在遮住局部的瑕疵或者在修容的时候打亮双颊即可。腮红一定要选择自然的颜色，轻轻由笑肌的位置往外刷，带有提亮效果的腮红可以突出面部的轮廓，但是打得太多则会失去裸妆的自然感觉。

5. 为了让妆容保持得更久，可以在全脸上薄刷一层蜜粉，便能够更好地定妆。

• 气质女人修炼法则

不是所有的女人都适合那句"浓妆淡抹总相宜"，虽然名为裸妆，但并不意味着它什么都不需要，裸妆的妆底是不能打得太厚的，但是又必须得遮住那些暗淡的肌肤，使肤色能够亮丽，一个完美的裸妆，可以让一个女人更加的年轻、精致、有气质。多数情况下，很多女性并不了解什么样的妆容更适合自己，那么这个时候，就尝试裸妆吧，它是提升你气质的最好妆容。

74. 成为"护肤"高手，美丽容颜是"养"出来的

☆ 化妆师植村秀先生说："每一张脸都是一块充满生命力的画布，只有拥有完美的肤质，才能让艺术家在这张称之为肌肤的画布上创作出美丽的作品。"

☆ 一个高级美容师曾说："世界上最漂亮的时装也比不上一身健康的皮肤。"没有健康的皮肤，再好的妆容、发式也是徒劳；反之，光洁的皮肤，再配上简单而洁净的着妆，会使人感到女性真正的美。

世界上再精致的妆容，也比不上拥有健康的皮肤。俗话说，脸色红润万人迷，红润的脸色不仅是健康的标志，而且是人们对于女性外貌和气质好坏的评判标准。如果你脸色暗黄、无精打采，则说明你是个消极的人，同时也说明你的健康受到了威胁，一个不健康的女人，就算长得再美，也很难用精气神支撑起内在的气质来。一位化妆师说，皮肤是女人最直观的美的窗口，它同样也是衡量女人美的重要标准之一。女人的衰老都是先从皮肤开始，而女人的活力也是从皮肤中焕发。当然了，女人健康的肌肤都是靠"养"出来的，保养、睡眠、开朗的心情等，都是保养肌肤的"灵丹妙药"。女人只有养好肌肤，才能心满意足地享受美丽，享受生活。

艳秋和老公去菜市场上买菜，他们一起挑选自己喜欢的菜，到买白菜的时候意见出现了分歧，卖菜的老农和艳秋说："姑娘，别和自己爸爸较劲，年龄大了，养你一回不容易，就听他的吧！"听了老农的话，艳秋立即笑得合不拢嘴，然后顺势拍拍老公的胸脯说："是你长得太老呢，还是我长得太年轻了？"

艳秋的老公尴尬地说："看来我回去也得保养一下自己了，明明只

差两岁，在大爷这里看上去竟相差二十多岁……"

卖菜的老农听了他的话才明白，自己误会了两夫妻的身份辈分，立即道歉。艳秋摆摆手说："没关系，我很开心啊！"

面色暗黄，气质差，鱼尾纹横行，暗斑猖獗，这些都不会让一个女人看上去美丽或者有气质，所以气质的修炼少不了皮肤的保养。当然，女人要保养好肌肤，除了日常生活中正常地用化妆品对肌肤进行保湿、防晒外，还建议从以下几点做起：

①葡萄酒面膜"养"出好肤色

相关研究指出，红葡萄酒含有丰富的矿物质有抗氧化的多酚，它能预防动脉硬化和心脏病、改善手脚冰凉等冷虚症、维生素 C 滋润肌肤、明目。你如果不喜欢喝红酒，可以拿来均匀地洒在一次性面膜上，每天坚持在脸上敷五分钟。一个月后，你就能发现自己的脸色真的红润了。所谓"没有丑女人只有懒女人"的道理再一次得到证实，拥有好习惯的女人都有好肤色。

②安心泡澡泡出好脸色

热水澡可以让温暖迅速包裹身体，同时促进全身血液循环。对于女人来说，每天享受水疗是制造好脸色最有效的懒人被动运动。一方面可以享受泡澡的舒爽，另一方面，还能够让全身的肌肤放松，得到充分的滋润。如果有植物精油和浴盐一起参与这场放松行动，将会从根本上改善你的发黄灰暗的肤色。

③喝水最养颜

现代人普遍存在咖啡因摄入过多的问题，防止工作劳累的白领尤其如此。一天当中，喝咖啡、喝茶、喝可乐和运动饮料，这些饮品中都或多或少含有咖啡因，而白水却喝得少了。咖啡因摄入过多会导致焦虑、心跳加速和失眠等问题，大大地影响到女人们的好脸色。咖啡因摄入过多让人更容易失眠，睡不好哪来好脸色？建议每天补水可以通过喝开水、吃水果、喝粥等方式完成，减少咖啡因的摄入量。

④常睡"美容觉"

作为女人，你是否有这样的感受：如果头一天晚上没有睡好，那么第二天脸就会看起来灰蓬蓬的，没有光泽。答案是肯定的。睡眠不足会严重损害皮肤。健康的皮肤之所以有光泽，主要是因为皮肤下的毛细血管畅通。如果前一天晚上睡不好，皮肤下毛细血管的血液循环就会变慢，呈现在皮肤上的就是一种不健康的灰色，甚至看起来很苍白。同时，长期的睡眠不足会使女性脸上长出暗疮、斑点等，所以，要保养皮肤，充足的睡眠是关键。作为女性，每天至少要坚持睡八个小时以上，这样才能使你的皮肤焕发出靓丽的光彩来。

⑤良好的心态，是女人保持年轻的秘诀

愉快的情绪使人心理处于怡然自得状态，有益于人体各种激素的正常分泌，有利于调节脑细胞的兴奋和血液循环，有助于帮助女人保持年轻的皮肤。生气则会导致呼吸不畅，第一个受影响的就是肝脏，如果肝气郁结，那么在女人的脸上就会生出色斑。

女人要有一个良好的气质，皮肤的保养不能缺少，不要寄希望于化妆，化妆仅仅能改变外貌的美，而且有时间的限制，皮肤的护理可以让女人永葆青春，延缓自己的衰老，皮肤好的女人才是最有气质的女人，也是最有魅力的女人。

· 气质女人修炼法则

除了以上的原则，女人在平时还要注意自己的饮食。对于保持年轻的皮肤，建议每天都要吃一个西红柿，西红柿中含有维生素C，另外一日三餐中有些醋，洗脸的时候也可以放一些醋，醋可以改变较硬的水质，达到养颜的效果。每天要喝一杯酸奶，女人容易流失钙，要增进钙的吸收，每天要喝一瓶名副其实的矿泉水，它含有的微量元素和矿物质，是皮肤最需要的。

75. 及时补妆，别让脸面成为"京剧脸谱"

☆ 有人说："一个男人对着女人一张细致的脸说话，要比对着一张粗糙的脸说话有耐心得多。"

☆ 对于女人来说，如何才能做到 24 小时保持妆容不变呢？其中的窍门是努力＋智慧，要明白自己的妆容为何会走样，更要知道如何补妆才能更自然。

化妆可以让一个女人看上去更加的精致美丽，但是晕妆也会变成一个女人的灾难。如果你把自己打扮成为"京剧脸谱"，那么无疑，化妆对你来说就是自赏耳光，对于你周围的观赏者来说就是一场视觉上的灾难。女人补妆就像战士打保卫战，一个不留心就会功亏一篑。的确是这样，如果一个女人不会补妆或者补妆不当，那么这个女人在此之前化再好的妆也是无济于事的，可以很客观地说，还不如不化妆比较好。

一个大花脸的妆容的女人是毫无气质可言的，气质是一个女人征服人心的最佳名片，一个脸看上去像花猫的女人是无法征服人心的。女人的妆容容易花，这个与季节没有多大的关系，无论是炎热的夏季，还是寒冷的冬季，化好的妆用不了多久都会变花。不补妆就会对自己的形象造成影响，所以补妆成为了女人的必备技能，男人也许并不明白女人为什么老是喜欢去洗手间，其实女性去洗手间大多数的目的都是为了补妆。

要补出精致的妆容，女人的包包是绝对少不了以下几种工具的：

①棉签

女人们都知道，在毫无妆液的脸上化妆是很容易的，但是要在已经涂满了化妆品的脸上补救就很困难。如果不想留下补妆的痕迹，最好的工具就是棉签。棉签可以清理一些细小的部位，比如眼睛，倘若你化眼妆，眼睛的周围有睫毛膏遗留下的残渣，你就可以用棉签蘸着化妆水或者乳液擦掉晕开的眼妆，然后再用棉签取一些粉底液均匀地抹开就好了。棉签的精小就是为了避免碰到不需要补妆的其他部分。

另外还要注意，使用棉签擦掉多余的唇膏或者是唇彩的时候，应该是由外向内地擦，眉毛和眼线也是同样的道理。

②湿巾

湿巾可以分为两类，一种是保护皮肤的护肤系列，本身不含有杀菌成分，只能作为清洁；一种是含有杀菌成分的，不仅仅对皮肤还有你使用的任何物品。我们平时出门旅行要带第二种，但是对于化妆来说，护肤的第一种湿巾是很好的选择。在没有水或者洗手间的情况下，湿巾就成为了主要的清洁工具。

湿巾可以清理掉一些顽固的"妆痕"，同时也可以清理掉一些脸上多余的油脂和粉末，如果天气炎热，流汗还会让本来很好的妆变得很花，这个时候湿巾也会很快地能够去除由于流汗而产生的妆液污渍。

③吸油纸

人们都说吸油纸是女人们的救星，吸油纸只吸油不吸粉，不仅不会破坏妆容，还会对皮肤有些好处，因为吸油纸可以彻底地去除油光，避免毛孔受阻，在吸油的同时，还能够保留肌肤必需的水分。吸油纸一天使用两次的频率比较适合，而且应当从最容易出油的 T 字型区开始，在使用吸油纸时，只需轻轻按压，然后慢慢移到脸颊各处，每处轻压数秒后，自下而上揭起。

油脂过多会堵塞毛孔生暗疮，油光满面是破坏化妆的大忌，所以，吸油纸对于化妆的女人必不可少。妆容的花掉并不都是来自外界的伤害，有的时候是本身的油脂过多，这个时候就需要女性在补妆前首先使用吸油纸先清理由于化妆过多留下的积液，导致毛孔的堵塞，油脂的分

泌过多。

④化妆水

化妆水包括爽肤水、柔肤水以及收敛水，化妆水都是用来清洁皮肤和保持皮肤健康的液体，区别不是很大，但是爽肤水和收敛水在天气炎热的时候，脸上极其爱出油的时候使用，而柔肤水则是在寒冷或者干燥的季节使用。

收敛水主要的作用是如它的名字一样，作为收敛当然是缩小毛孔，所以当然是洗脸之后就应该使用的，同时它也会给皮肤供给水分，所以夏季必不可少。爽肤水就是在脸上爱出油，天气炎热的时候使用，所以，补妆必不可少的就是爽肤水。柔肤水多数情况下用来去除角质，它可以松软坚硬的皮肤，当然就如松软土之后便于吸收营养是一个道理，它可以促进吸收，但是皮肤薄的人尽量少用。

另外，补妆的方法也很重要，补妆不是随意地乱涂乱擦，切记一定要轻轻地按压。而且补妆一定要分几次一点点地补，不要补得太厚，这样看起来极不自然。按压法是为了保护没有花的妆，不要因小失大，否则弄花了整个妆容就真的成为了化妆界的败犬女王了。化妆前的准备是减少补妆的重要前提。化妆前的皮肤清理工作和保湿工作一定要做好，另外，在补过妆和没补过妆的地方如果出现了明显的痕迹，一定要用指肚轻轻地按压有痕迹的地方。

用力与反复地摩擦是破坏妆容的最拙劣的手法，花掉的地方可以用棉签轻轻地擦拭，后补上去的妆液与原来有明显的界线要用按压法让痕迹的边缘自然地过渡，同时随身携带胭脂也是修饰脸部的好帮手，胭脂最不容易脱妆。补妆是女人的一项重要的面部修饰过程，不要让已经完好的妆败给了修补上，有气质的女人时时刻刻都会让自己看上去完美精致，绝对不会让妆容毁了自己的形象。

• **气质女人修炼法则**

许多女人认为化妆前彻底保湿，会让妆容容易崩坏，这其实是个大大的误解。皮肤干燥，才会使修正液和粉妆上得不均匀、容易走样。早晨一定要做足滋润的功课，让角质层吸收水分，纹理才匀整，粉才能上得薄而均匀。皮肤干燥，还会造成皮脂无法很好地散开，而羁留在一处，局部的过分油腻正是整体干燥的证据。选择早晨的保湿护理品，最好是外表清爽而内部滋润的类型。

76. 做自己的"调色器"，彻底告别"黄脸婆"

☆ 调节你的情绪，是"祛黄"的有效方法之一。对于女人来说，千万别让生活各个方面的"想不开"破坏了你的心情，影响了你的生活质量，也影响了你肌肤的亮彩。

☆ "黄脸婆"这词对于一个女人来说是致命的，它不仅意味着你的皮肤已濒临"崩溃"，而且也给你的青春打下重重的休止符号。所以，一个女人，特别是对于肤色天生偏黄的亚洲女人来说，要抓住青春首先要解决面部"暗黄"。

皮肤暗黄，对于女人来说是致命的打击，它不仅影响女人外在的美观，而且也是一种健康受损的信号。这个世界上，没有女人愿意成为"黄脸婆"，尤其是迈进了40岁大关的女人，无时无刻不在想要摆脱这个称号的困扰。当然，最快的方法莫过于化妆了。也就是说，女人的肤色是完全可以通过妆容"调"出来的，所以，气质女人，就该做自己的"调色器"，用适当的彩妆进行遮掩，让自己摆脱"黄脸婆"的称号。

以下四个彩妆技巧能让你的妆容更为迷人和精致。

①选对隔离霜，调整皮肤颜色

化妆师指出，紫色隔离霜适合面色发黄、略显憔悴的肤色使用，可以让泛黄的肌肤显得更为白皙。但是使用的时候需要注意重点用于高光的位置，防止"假面"现象发生。

②用粉底要讲求方法，让你轻松摆脱暗黄

对于女人来说，粉底是遮掩脸部缺陷的最好的工具。但是，女人在选择粉底时，一定要选择适合自己肤质的，而非最好的。对于黄皮肤女性来说，最好是选择那些含有珠光微粒的化妆底液和粉底液，因为肌肤暗沉主要是因为微循环和皮肤表面的粗糙引起的，要想快速得到改善，第一步就是要打造光亮、通透的肌肤。其次，对于粉底的颜色，一定不要无止境地追求白皙，过分白皙的色号只会让你的妆容具有面具感！一定要选择跟自己肤色最契合的肉色粉底，这样才显得自然。

③在打腮红时，黄皮肤也要打出粉嫩来

腮红的选择是黄皮肤女性最容易误踩的"雷区"。当然了，要提亮肤色，腮红的颜色选择极为关键。下面是最适合黄皮肤女性的几款腮红：

橙色腮红：活力感充沛的橙色腮红是黄皮肤最适合的腮红颜色。橙色的味道会让你的妆容显得自然、亲切。如果你还没尝过，那现在就来点一款甜橙味道的腮红吧！

珊瑚色腮红：珊瑚色的腮红可以赋予黄色皮肤活力、健康的色泽。你可以在颧骨上轻拍一点，也可以以打圈的方式在颧骨上轻涂，看上去很清爽并且可以提亮肤色。

肉粉色腮红：肉粉色即是带肤色调的粉色，说它是腮红大军里最为百搭的颜色不为过吧？由于带有肤色，所以能够非常自然地融入皮肤里，让粉色不再是白皮肤的专利！

④选对眼影色，缔造深邃双眸

眼影的选择亦是黄皮肤女性的大难题之一，那么，眼影应该如何选择呢？其实，对于黄皮肤女性来说，最忌讳的眼影颜色为：蓝色、绿色和紫色。而最适合的莫过于与肤色最为契合的大地色的眼影，它能让你的双眼闪亮，而且还能突出脸部的白皙来。

当然了，以上只是用彩妆遮掩的方法进行改善肤色，要想真正彻底地摆脱"黄脸婆"的称号，还要"对症治病"，即先了解你肤色暗黄的原因，然后再通过科学的饮食或者运动，从内而外地加以改善。一般情况下，皮肝出现暗黄现象，原因主要有以下两个方面：

①皮肤因衰老而变黄

如果你是一个"衰老型黄脸婆"，你主要的问题在于肌肤表面老化细胞的沉积，去掉这些老化的细胞，肌肤才能净白、通透。

根据李时珍所著的《本草纲目》中记载："珍珠涂面，令人润泽好颜色，除面（斑）。"想要"去黄"的女性可以选择含有特殊工艺的海洋珍珠成分的化妆品，或者多吃一些猪蹄、软骨等含有胶原蛋白丰富的食物来补充自己的胶原蛋白，特别要注意防晒，避免胶原蛋白的流失。

②天生暗黄型

如果你是天生的"黄脸婆"，多数都是因为脾脏不好的原则，这类的女性倘若想要令自己的肌肤红润有光泽，必须要进行长期的内调，做好补血养气的工作，这样才能让自己摆脱"黄脸婆"的称号。红枣、阿胶、红豆等都是补血的佳品。另外，山药、洋芋、土豆这些常见的食物有很好的补气作用。一定要记住，除了补血补气以外，睡眠也是至关重要的，高质量的睡眠才是令肌肤富有光泽的最好武器。

总之，身为女人来说，只要方法科学正确，平时除了进行科学地饮食外，还多注意睡眠，便可以有效地达到"祛黄"的目的。

> **• 气质女人修炼法则**
>
> 　　女人要告别"黄脸婆"的称号，除了化妆补救外，还可以从以下几个方面做起：
>
> 　　• 多食用一些具有美白效果的饮料，比如柠檬汁、甘蔗汁、蜂蜜、牛奶等，这些都能够达到亮白的效果。
>
> 　　• 必须保持运动、多喝水，即排毒才是阻止肌肤暗淡的最有效方法。
>
> 　　• 护肤是首选。护肤品的选择以均匀肤色，提高皮肤亮度的护肤品为最好的选择。

77. "面子"重要，别忘记给颈部也"分一杯羹"

　　☆ 数一数女人颈部的褶皱，就知道她衰老的程度。由此，我们可知，光滑的颈部可以是一个女人骄傲的资本。

　　一位影楼的化妆师说："一个40岁的女人来拍照，如果光拍她的面部，我随手就可以做到让她在照片中呈现出20岁的状态；但是如果镜头扩及她的颈部，我往往只能束手无策，因为她颈部的皱纹难以掩饰，而这正是反映人真实年龄的敏感区。"

　　脸、手和颈部的保养对于女性来说同等的重要，就算脸部再怎么精致，皱纹横生的颈部也会暴露你的年龄。很多女人都没有意识到，颈部比面部更容易变老，那些有经验的人在判断女人的年龄的时候，也往往是从颈部开始的。因此，女人对颈部的护理必须重视起来。很多女人对"脖子最容易泄露你的年龄"这句话心存疑惑，其实这是一个不争的事实。其实肌肤的老化不是从脸部开始的，而是从被我们经常忽略的颈部开始的。颈部的皮肤相对于脸部的肌肤要薄很多，皮下的脂肪少，最容易出现皱纹和下垂的现象。

想要护理自己的颈部，女人首先必须要确切地了解自己的颈部。可以这样说，颈部是支撑头部重量的"大功臣"，它肩负着头部上下左右的转动，负担可谓很大。在皮肤上面由于肌肉较薄，所以极其容易产生纵向皱纹。

那么在日常生活中，哪一类人是比较容易在颈部产生皱纹的呢？

①忽胖忽瘦的人

女人要注意，经常减肥或者忽胖忽瘦都容易导致颈部出现皱纹，因为总是在胖瘦之间徘徊的人，肌肤容易没有弹性，而且多数人都是胖的时候，脸部是瘦的，这样的肌肤更加容易显老。

②较瘦、皮肤较薄的人

通常较瘦的女人，肌肤容易显老。皮肤较薄的人，容易干燥、松弛，更加应该注重颈部的保养。

③颈部肌肤缺水的人

颈部肌肤经常暴露于户外空气中，肌肤容易干燥，产生松弛、暗沉等现象，这也是颈部皱纹产生的根源。当紫外线让你的肌肤流失大量的胶原蛋白后，锁住水分的肌肤弹力网就会出现缝隙。在干燥的冬季，肌肤水分更容易蒸发、流失，让你感到自己的颈部皱纹增多，皮肤变干，甚至粗糙、暗沉，瞬间出现老化症状。

如何护理颈部呢？为了让颈部的美丽不输给脸蛋，保养时可以使用颈部专用的保养品，或在每天沐浴后，用身体乳来帮忙锁住颈部的水分，特别是在干燥的冬天，一定不能忽略。而且颈部的护理需要养成一个好习惯，在保养完脸部的时候，可以使用化妆水或者保养品在颈部上也"分一杯羹"。

颈部的日常护理须知：

①为了防止紫外线及颈部的皮肤干燥，最好能够在颈部多一层防护。比如在进入冬季以后，外出时不妨戴上一条质地舒适的围巾，这样不仅仅能够保暖，同时也相当于给颈部添加了一层"保护膜"。

②高领毛衣是不错的选择，当然如果能够在毛衣领的内侧套上一件贴身的棉质高领内衣，避免颈部肌肤与毛织品发生摩擦就更好了。

③后颈是经常被女士忽视的部位，尤其是在涂抹防晒产品时，最容易被遗忘，而梳短发或者扎着马尾辫时，后颈直接暴露于外面，长此以往，形成前颈白，后颈黑的不协调现象，再漂亮的女人也会大打折扣。

④阳光与紫外线是造成颈纹真正的"元凶"，所以，即便是在冬季也不能疏于防范，要养成在颈部涂抹防晒及隔离产品的好习惯。

韩国健康专家朴志远发明的颈部按摩法，只要每天做一次，一周后就能轻松地为脖子减龄：

①梳头：双手手前额发际开始，至颈后发际止，分左、中、右三路梳头，重复四次。

②提耳：双手拇、食二指指腹挤按耳轮中下 1/3 交界处及耳垂，各挤按三分钟。

③肩胛牵拉：将左手掌置于右肩，右手置于头顶，右手用力将头向右前下方拉，至有拉扯感为止。停留 15 秒，再放松，重复五次。

④摩面：两手中指贴近鼻梁旁并轻按鼻翼两侧，向上做擦脸动作，至额前，沿耳旁按摩至颔下，并轻轻按压耳垂周围，还原至鼻旁面颊。重复上述动作，共 12 次。

⑤搓颈：以手掌沿颈后发际至脊骨中上 1/3 处，自上而下揉搓颈后部肌肉，反复 12 次，两手交错各揉搓一遍。

• 气质女人修炼法则

对于女人来说，"面子"固然重要，颈部也绝对不能忽视。脖子是最容易出卖你年龄的部位，保护好自己的颈部皮肤至关重要，参考以上颈部容易出现皱纹和诱发的原因，以及具体解决的办法，自行修炼，早日成为一个有气质的靓丽女人。

78. 淡淡女人香，找到属于自己的经典"味道"

☆ 张小娴说："爱上一种味道，是不容易改变的。即使因为贪求新鲜，去试另一种味道，始终还是觉得原来那种味道最好，最适合自己。"

☆ 法国香奈儿品牌创始人可可·香奈儿说："不擦香水的女人没有未来。一个衣着优雅的女人，同时也应该是一个气息迷人的女人，没有味道的女人没有未来。"

☆ 寻找属于你自己的香水吧！勇于尝试各种不同的香味，尽情地享受各种不同的气场味道。总有一天，你会发现找到生活中如情人般的那种味道，任谁都忘不掉……

淡淡女人香，每个有魅力的女性都有独属于自己的味道。而不同的香味则代表了女人独特的个人魅力。正所谓"闻香识女人"，女人要彰显与众不同的魅力，就要学会运用香水的魔力，打造属于自己的"女王范儿"。

可可·香奈儿认为，无论什么地位，什么年龄的女人如果没有味道，就只能算一个失败的女人。人们常说："化妆是女人的必备，香水是女人的品位，气味是可以在人们的记忆中保留最久的东西。"香水是一个女人展现自己品位和个人气质的法宝，有魅力的女人不能不使用香水。

性感女神玛丽莲·梦露是世界上公认的最有味道的女人，她的魅力也源于她爱使用香水。她睁着那双让全世界男人都痴迷向往的风情眼睛，用慵懒而富有磁性的嗓音告诉世人："夜间我只'穿'香奈儿5号。"

已故的美国总统肯尼迪，曾经在一次私人晚宴上碰见了梦露。当梦露一袭黑色长裙，笑靥如花，带着香奈儿5号所特有的香气走过来时，

刹那间，肯尼迪就拜在梦露的石榴裙下，他被完全征服了，丧失了理智。或许是因为香奈儿5号的妩媚风情，或许是因为梦露的超级性感，但可以肯定的是，香水无疑给梦露带来了更大的吸引力。

人精致的妆容与得体的服饰，可以给人留下深刻的印象，但是最令人无法忘怀的，却是身上那股若有若无的香味。那隐隐约约散发出来的香气，正是女人的无形装饰品，可以在不动声色间展现出女性特有的魅力。

香水和女人身上一切有形的服饰、妆容、佩件皆不同，它无形地、幽幽地萦绕于身，能将我们带入不同的心境——自信、魅力、浪漫与优雅；它的美丽看不到、听不到，只能意会，也因此才会有"闻香识女人"的意境。

值得一提的是，每个女人都会与某一款香水相契合，这与人与人相遇一样也是需要缘分和机遇的。也就是说，女人要用与自我气质浑然一体的香水，方能展现出自我独特的个性来，这是使用香水的至高境界。

比如如果你个性活泼可爱，热情爽快，可选择曼陀罗花、香子小雯、柑橘调、甜香调等花香型香水，娇而不媚、烈而不浓；如果你坚强内向，谨慎小心，喜好安静，可以选择树木、乙醛、东方香等温婉迷人的香水，让浪漫温婉倾情而出；如果你喜欢简洁明朗，纯情文艺，可以选择纯净、透明的质感以及甜蜜的水果香型香水，自然之余香气若隐若现，诱发无穷幻想；如果你聪明理智，独立能干，可以选丁香、檀香、玫瑰香型香水，步履穿梭间轻洒幽香，可使你时刻成为焦点，魅力大增。

对香水的拥有和使用代表了女人修炼和成熟的程度，表达的是女人的形象和品位。除了选择适合自己的香水之外，要想成为一个香水的使用高手，充分让香水发挥出魔性，打造出女王"范儿"，还有一些必须遵循的规则。

以香奈儿为首的几家香水厂商，都提倡从手腕移向身体涂香水的方法。即为先将香水沾在手腕上，然后再移往另一手的手腕，再从手腕移至耳背、发际、胸部，然后擦在所有的部位上，活动时香气会均匀地往外扩散，香气圆润又舒适，既持久又淡雅。如此一来，你的气场也就会如同一片薄纱轻轻地萦绕在你身上。

有些人会直接将香水喷在衣服上，但是下次若想使用不同的香水时将造成困扰，所以我们要避免这种方法。但可以适当地喷在衣服边缘，如擦在裙摆，走动时香味随着肢体的摆动，摇曳生香，气场甚是撩人，这可是一个大窍门！

认识到香气的魔性后，许多女人会理所当然地认为香水洒得越多越好。其实不然，过多过浓的香水还会让人感到有一种不愉快的气味，这种气味会抵消我们的气场能量。实际上，淡一些，似有似无更迷人、更有魅力。

香水的香味，总的来讲，应不具刺激性，不要过于浓烈，要特别考虑他人的感觉，不相融的气味会产生一种人际间的排斥感。注意香水本身的浓淡，将香水运用得恰到好处，完全可以提高气质，使人心醉。

• 气质女人修炼法则

在职业、社交、休闲运动三大场合中选择香水也是有讲究的。职业场合，香气应是知性的、清新的、高雅的、温柔的；在社交场合，香气应是性感的、艳丽的、饱满的、个性的；休闲运动场合，香气自然该是活力充沛、振奋舒畅、清新愉悦的。另外，由于香水的发挥程度与外界温度有很大的关系，我们还要根据时间决定香水使用类型。白天由于气温较高，人的嗅觉会变得敏感，香气易于扩散，故宜用清新、清爽、浓度低的香水，晚上则相对使用香味较浓的香水。

女人的优雅气质是"穿"出来的

> 大多数的人都认为，穿着服装仅仅是为了美，为了漂亮，经常会凭自己的直觉和个人的爱好来选择服装，而不去想到底该怎样合理地利用服装来穿出属于我们自己的个性与魅力！其实，决定今天你该穿哪套服装的因素，不是你的喜好，不是你的情趣，也不是你希望打扮得漂亮出众的愿望，而是你今天要到哪里去，去做什么，希望得到什么。

79. 二等女人用服饰扮漂亮，一等女人用服装添自信

☆ 对于女人来说，不论是情场还是职场都不能输给男人。首先需要给自己备几套拿得出手的服装，撑住气场压倒男人。

☆ 佳能广告公司有这样一句醒目的标语：形象意味着一切。

☆ 服装的最大功能，是用来增加你的自信，提升你的内在品质，而不是让你穿起来更漂亮。

☆ 美国形象设计大师罗伯特·庞德说："如果你穿得好，看起来漂亮，你的生活不需要目的。"

很多女人挑选服饰都是以"漂亮"为目的，无论什么材质的服饰，只要穿上去打眼靓丽，便会毫不犹豫买下它。而真正聪明的女人，将增

加自信来作为挑选服饰的第一标准。曾经有公司为提高利润，针对高端的职业女性做了一次统计调查，希望了解这些消费者穿衣的动机和期望。他们惊喜地发现，人们穿衣的动机不是为了装扮漂亮，而是为了增加自信。这个调查发现，69%的女性认为穿衣是为了增加自信；51%的女性认为，是为了"在压力下保持镇静"；40%的女性认为期望自己看起来更聪明、干练；而只有3%的人认为是为了"看起来更漂亮"。

从此处可见，大部女人都是缺乏自信的。要知道，一个缺乏自信的女人就算有闭月羞花之容，也会毫无气质可言。许多女性对于自信的缺乏，或者是因为对自己的才能或成就不满，或者是对自己的外表不满而造成。因为大部分人不具有标准形体，过高、过矮、过胖、过瘦都影响着我们的自信程度。而精心设计的服饰，不仅可以掩盖这些的不足，还可以衬托形体的优势，并在心理上消除对于外表不满带来的焦虑。一些服装可以给女人带来强烈的积极的暗示作用，以使女性显得更沉稳、淡定，也更有自信。

张萍，北京一家公司的电子工程师，技术过硬。前段时间她接到韩国一家知名电子公司的面试通知，结果却失败了。原来，她败在了服装方面。

那一天，张萍内穿一件质地良好，带花边且款式过时的衬衣，外穿一件宽松化纤混纺的黑西服，一条棕色的、肥大的西裤。这身打扮让她起来像菜市场的大妈一般。因为这样的着装，给她心理上带来了紧张感。事后，她向朋友抱怨说："我没有自信，我能百分之百地回答对考官提出的技术问题，但是他们看出我的眼神是游离的、不安的，他们是不会把一个有难度的具有挑战性的项目放心地交到一个缺乏自信者的手上的。"

从此之后，张萍就开始从着装上改变自己。一次，她代表公司与客户谈一个合作项目。这一次，她到商场精心挑选了一套深蓝色西服套裙。这套裙出自一个著名设计师之手，样式简单流畅，裁剪非常得体，做工精细，毛料质地优厚，颜色沉稳大方，外加一件时尚的优质纯棉白衬衫。穿上这套衣服后，张萍的整个人都在变化，她的胸部挺起来了，腰板变直了，头也抬起来了，眼睛也变亮了，面部的神态放射出自信的光芒。看到镜子中的自己，她惊叹地说："上帝啊！我感到前所未有的自信！"

第二天，张萍就是穿着这件服装，顺利地拿下了公司交给她的任务。合作方代表赞叹地说："从你一进门，你的外表和自信的神态就让我感到你能够胜任，你是我们所期望的人。"从此，那套西装成为张萍的"幸运之神"。

多数人认为，人们不该"以貌取人"，但是心理学家发现，一个人外表有无魅力，不但决定了别人对他的态度，也影响了个人对自己的态度。如果你总穿着粗制滥造和剪裁不得体的服装，它们会无时无刻不在提醒你："我就如同我所穿的，我缺乏自信和才能，我一无所有。"穿这种衣服的女人，即便是天生的美人胚子，也很难展示出自我气质来。而一件质地良好，款式经典大方的服装的确能够提升人的自信心，让女人能够沉着自如、优雅得体地展现自我，让其在各种场合下保持镇定自若的心态。一件好的适合自己的服饰，也能在一定程度上增加成就感，让女人表现得自信、沉着、优雅和出众。所以，生活中，我们挑选衣物，一定要以提升气质，提升自信为目的，而不能单单以漂亮为标准。

· 气质女人修炼法则

女人穿衣，不要紧跟时尚，那些前卫的时尚主义在商务服装中并不能起到积极的作用。

女士穿衣，尤其不要穿得太紧，紧衣服让瘦人看起来憔悴，胖人看起来更胖。衣服的尺寸非常重要，过大、过小、过紧、过松的衣服都会破坏一个女人的优秀形象。

80. 用 100 分的服装来妆点你 100 分的内在

☆ 不要过分注重品牌，这样往往会让你忽视了内在的东西。

☆ 即使是长相和身材最平常的女人，如果给她穿一件美丽的霓裳羽衣，她也会不自觉地飘然若仙。

☆ 女人要想美丽就得会穿，如何穿得亮眼也是一门学问。简单来说，由浅入深，穿衣有三层境界：第一层是和谐，第二层是美感，第三层是个性。聪明理智的你买衣服时可以根据下面六个字，只要有一项不符合就不要掏出钱包：喜欢、适合、需要。

多数人认为不该以貌取人。的确，也有很多调查显示，男人并没有把女人的外表作为其选择伴侣的首要条件，但是这绝对不意味着你可以忽视掉你的外表与服饰。在社交场上，多数人也不会根据你的外表来对你做一个长远的认识和判断。但是，在别人见到你的第一刻，你给别人的第一印象，绝对不是你内心的思想有多华丽，内在有多丰富，底蕴有多深厚，而是看你的外表有多精神。

在电影《女佣变凤凰》中有这样一段台词："我知道偷穿客人的洋装是我的错，但是那天如果我没有穿那件白洋装而是穿着女佣服的话，那么你还会注意到我吗？"这是现实的世界，如果你有 100 分的内涵，80 分的才华，但是如果你穿上只有 60 分的服装，就很难展现出一个真正的你。也就是说，一个有内涵、有修养的气质女人，一定要懂得用 100 分的外在将真实的自己展示出来。当然了，要用 100 分的穿着展示 100 分的内在，并不是说要女人穿华装丽服，把自己打扮得千娇百媚，而是要穿上与自我气质和风格相关的服装，如此才能做到"人衣合一"，彰显出与众不同的自我气质。

从《欲望城市》中，我们便能觉察到，那些我们心中最为典型的女强人代表，诸如律师、作家，并不仅仅只精通如何打赢一场官司，写出多么好的作品，她们还懂得如何利用得体的着装让自己看起来更强势。

你是否还记得那一幕：当美兰达晋升为律师事务所的股东之一的时候，她什么都没说，身上那套剪裁合体的 Giorgio Armani 已经无声地宣布了她成功时的骄傲与喜悦了。"Dress for Success"即为"穿出成功"，是《丑女贝蒂》第一季第三集的片名。有一幕，贝蒂穿着那件墨西哥风格、酷似圣诞树的绿色斗篷不知死活地站到了顶级时尚杂志"Mode"的大理石楼梯上，连主编的影子还没见到呢，就差点被势力的小助理"踢"回老家。

其实，女人穿衣和选丈夫一样，适合自己的才是最好的。也就是说，你的衣服搭配要与本身的气质相符合，更要与自我的职业形象相符合，才能展现出 100% 的自我，展示出独属于自己的个性，给人留下深刻而良好的印象，也才能传达出独特的女性魅力。

无论你是混迹职场多年的资深 OL，还是苹果一样青涩可爱的社会新人，在选择衣服前，一定要了解自己是一个什么样性格的人，严肃、活泼、天真还是严谨，了解了这些后，再去合理地搭配衣服，才能塑造完美的个人形象。

不要再等了，要用服装提升自我气质，从现在开始就行动吧，其实要想找到你最漂亮的样子很简单：先找到符合你气质的服饰，再挑选出属于自己的色彩，再加上合理的搭配，你就可以不化妆都变得神采奕奕。换一个合适自己的款式，你就可以长高变瘦，穿一件能体现你气质的服装，走到哪里你都能吸引别人的目光。还需要再等吗？

· 气质女人修炼法则

衣服可以给予女人很多种曲线，其中最美的依然是 S 形，衬托出女性苗条、修长的身段，女人味儿十足。

应该多花些时间和精力在服装的搭配上，不仅能让你以十件衣服穿出 20 款搭配，而且还锻炼自己的审美品位。

即使你的衣服不是每天都洗，但也要在条件许可的情况下争取每天都更换一下，两套衣服轮流穿着一周比一套衣服连着穿三天会更加让人觉得你整洁、有条理。

81. 穿衣是门"建筑学"，它最讲求比例

☆ 法国香奈儿品牌创始人可可·香奈儿说，并非所有女人都拥有维纳斯的身材，但是却不该因此刻意隐藏缺陷。"愈是隐藏掩饰，愈是会突出这个部位"。

☆ 穿衣打扮除了讲究和谐、自然外，还最讲究"黄金比例"。也就是说，女人想要穿得更加的漂亮，不光是要会选衣服，还要了解自己的身材比例，这样才能够扬长避短，才能穿出独属于自己的"黄金"风采来。

凡是女人，都想穿漂亮的衣服。但是漂亮的衣服并不是每个女人穿上都会达到她们想要的效果。因为服装也挑人，也挑身材。穿衣是门"建筑学"，它最讲求比例，一个女人穿衣能否漂亮并不取决于她拥有什么样的外貌，却和她的身材比例有着直接的关系。有多少女人知道自己的身材，如果你能够回答出以下五个问题：

①你准确地知道自己的身高吗？

②你了解自己上半身和下半身的比例吗？

③你明确知道自己的三围吗？

④你清楚自己的体重吗？

⑤你知道完美身材的计算法则吗？

如果以上问题，你确定、清楚地知道，那么恭喜你，你距离凸显自己的气质已经迈出一大步了。我们不得不承认，在生活中，并不是每个女人都能拥有黄金比例的身材，但是这并不意味着你的人生从此就再也没有靓丽的外表。女人了解自己的身材比例，才能够穿得更美丽，即使你真的圆润丰满，也不见得你穿什么都难看。当然，如果你穿一件可以让自己看上去瘦瘦的衣服，这样就可以隐藏自己的缺点，显示出自己的美丽。对于身材偏胖的女人切记不要穿那些紧身衣，或者是宽大布满褶子的衣服，切记不可系腰带，宽的窄的都不可以，这样会严重地显现出你的线条不是很漂亮。

梅梅是一个身材矮小，臀部又很宽的女孩。胸部也很小，腹部的赘肉又很多，梨形身材的她显得特别的臃肿，但是，靓丽的外貌和光滑的皮肤让很多身边的朋友都觉得她很可惜，倘若有个好的身材，梅梅一定很完美。梅梅经常的着装就是紧身裤和长衣服，这样显得她整个人看上去特别的没精神。

有一次，梅梅的表姐张弘来看梅梅，看到她这个打扮搞得自己哭笑不得。身为形象设计师的张弘给梅梅打扮了一番，上身为她选择了V字领的衣服，长度刚刚盖住了宽大的臀部，下身选择了一款九分裤。梅梅瞬间好像身体被拉长了好多，让她整个人看上去立体了好多。很多朋友看到梅梅的变化也一致地夸赞她。

女人想要穿得更加的漂亮，不光是要会选衣服，还要了解自己的身材比例，这样才能够扬长避短。身材矮小的女孩不是穿一双高跟鞋，梳一个高耸的发型就能解决问题的。过于怪异的打扮不仅不会为你带来立体的气质感，反而会让你变得不伦不类。其实具体的解决方法应该是选择简单而大方的直线条的衣服，最后衣服的颜色也要"清一色"地垂直下来。

身材高挑的女人似乎选择的衣服就会很多，但是建议不要让自己穿那种看起来更加高挑的衣服了，对于那些紧身衣以及冷色调的紧身裤都不要再选择了。其实，过膝的长裙以及宽松来风的大衣都比较适合。

当然我们也会遇到这样的情况，那就是你的身高和你的衣服没有任何的关系，明明身材高挑，却撑不起衣服。这就和身材的比例有很大的关系了，其实身材的比例并不仅仅指的是身高，还有一部分指的就是体重。瘦弱的女人通常胸小，臀部也略扁平，这个时候穿衣服就会出现撑不起来的现象，但是倘若在穿的衣服上搭一些饰品、围巾就会改变好多。在搭配衣服的时候，一定要坚持多层搭配的原则。

并不是每个女人都能拥有黄金比例的身材，有的女人上身比较长，而下半身则略短，这个时候就应该选择下身配长裤或者小百褶裙来搭配，这样会拉长下身的立体感，让腿看起来比较长，当然你也可以用宽大的腰带来提高腰线。

对于那些胸部和臀部比较丰满，而腰部却纤细的"葫芦形"身材的女人来说，建议你最好选择一款低领的上衣，然后是紧腰身的窄裙或者是八字裙，面料最好是柔软贴身的。宽大的衣服会减少"小蛮腰"的魅力，但是如果你嫌弃自己腰部的纤细曲线，你可以选择直筒式的洋装或者中式长衫，这应该是不错的选择。

• 气质女人修炼法则

如果你是"上身长，下身短"身材比例的长身美眉，那么最忌讳穿低腰的裤子，你穿的衣服如果能包往自己的腰线就尽量包；服饰搭配原则以外观的整体线条取胜。所以，选择采线明显的高腰洋装或上下深浅差异不大的组合是最合适不过的。可修饰下半身线条，使人感觉顺眼。

如果你是上下身一般长比例的美眉，那该掌握最基本的穿衣常识。如果你属于手臂长的人，可尽量穿长袖子衣服；手臂短的人则尽量穿无袖子衣服、短袖。当然最重点部位在于腿的长短，除了尽量拉长腿部线条外，还可以用腰带来强调腰线。

82. 找到属于自己的经典"颜色"

☆ 雪小禅说："我没有再尝试过穿金色，不适合自己的东西，尝试都是多余的，就像不适合自己的人，最好不要尝试走近，那样的尝试，带着明晃晃的危险……"

☆ 说到女人的形象从平凡到美丽的秘密，不同的人有着不同的答案。然而，从一个纯女人的角度来看这个问题，答案无非两个字——色彩。我们无法想象，失去色彩的世界将是如何苍白；我们同样无法想象，失去色彩的女人将是如何黯淡。这个世界从来不缺乏色彩，缺乏的只是对色彩的认识和运用。

要做靓丽多姿的魅力女人，穿衣妆扮是关键。但是，真正会打扮的女人，除了懂得选择与自我气质相匹配的服装外，还懂得用合适的颜色来衬托自己。其实，多数女人在选择衣服时候，都会依据个人喜好来判断："我穿这种颜色的衣服好看"，或者很盲目地看见别人穿什么颜色好看自己就买什么颜色的服装，或者也会根据当季的流行色来选择颜色。或者说有一些人经过自己若干年的尝试，找到了自己的色彩，但是同样也浪费了很多时间、金钱和精力。

美丽真的就如此难吗？当然不是！只要找到适合自己的色彩，美就变成了既轻松又简单的事情了。通过服饰颜色的改变，会将你的脸色衬托得健康、有光泽、有活力，还会忽略你身材上的缺憾！色彩，不仅能把你装扮得年轻、靓丽，还会带给你一个好心情。

身材高挑、腰细腿长的张玉，许多衣服穿在她身上都是曲线毕露。但就有一点，怎么都体现不出她独有的特质来。后来，一位色彩顾问告诉她，问题不在于衣服的款式，而是衣服的颜色太暗。原来，她平时就喜欢穿带点紫的红色，带点咖啡的绿色，带点粉的蓝色，带点褐的黄色，带点暗格子的灰色……整个人看上去面目模糊，混浊一片。

当她听取色彩顾问的意见后，她便神奇地发现，自己似乎在一夜之间突然魅力大增。那天早上，她穿了一身青蓝色的连衣裙，同事们都说她的气色突然间变好了，看起来也比昨天漂亮、精神了。当大家都在研究她是不是换了什么新的护肤品的时候，一位要好的同事发现，原来她换了一件不曾穿过的颜色的衣服。突然在一整天，她的心情都格外地开朗，同事们也都因为她的美丽而愉悦起来。

张玉突然明白，这就是颜色的魅力，它真的可以轻松地改变自己和周围的人。

可能许多女人都不敢相信，自己钟情的色彩不一定适合自己。这并非是说，一些含含糊糊的颜色不能穿，而是说，如果你觉得自己都驾驭不了这些暧昧的颜色，那么最好还是不要去尝试，不如去选择一些清爽干净的颜色。

如果你想成为一个拥有十二分自信的女人，那么，就寻找属于自己的颜色吧！运用不同的颜色语言，你可以把你所表达的情绪清楚地输入对方的意识，让他不知不觉地跟着你的思想走：当你想在会议中把那个老是欺负你的同事压垮，你可以穿着利落的黑色套装，甚至再加一个别致的胸花，就足以让人敬畏三分；当你想吸引酒吧里所有男士的目光，你可以穿着火一般的红色，挑逗他们最深层的原始欲望。因此你该了解不同颜色的使用场合，它能让你的出现更有分量！

那么，我们该如何判断自己适合哪种颜色呢？

一般来说，我们要选择与自己的性格、气质、风度较统一的服饰色调：红色热烈，黄色高贵，蓝色沉静，绿色和平，白色纯洁，黑色庄重，灰色典雅。你可以根据自己的个性进行选择你穿衣的主色调。

同时，要根据自己的肤色来选择。女人大都追求白皙干净的肤色，

然而因为各种各样的原因，现实难如人意。与其抹一大堆伤害皮肤的美白保养品在脸上，还不如静下心来选择一款适合自己颜色的衣服来配它，你会发现，原来皮肤也是会唱歌的。

①肤色较黑：修身的白色小西装会增加你黑色皮肤的时尚感，褶皱的七分袖更是让人显得年轻而富有活力。

②肤色偏黄：浅蓝色的上衣会让偏黄的肤色看上去更加白皙，就好比是阳光绽放在淡蓝色的天际，耀眼的光芒也会变得柔和许多。V领衬托出颀长的脖颈，单排扣是显瘦的圣品，简单大方的设计，适合追求简单生活的你。

③肤色红润：肤色红润的人总会让人误以为是来自农村或高原地区，因为过分的红润似乎就让人有了浓浓的乡土气息，谈时尚又从何说起。墨绿色可以很好地解决高原红的难题，再加上性感的深V领和腰部大蝴蝶结装饰，时尚终于也能轻而易举。

④肤色较深：米白色等比较清新明亮的衣服是这类女生的首选，因为明亮的色彩可以减低整个人的灰暗度，让人立即变得神采奕奕。公主式的蕾丝、荷叶边大裙摆，再加上泡泡袖设计，再深的肤色也遮不住你年轻蓬勃的朝气。

⑤肤色白皙：白皙的皮肤自然是天生丽质，似乎穿什么颜色的衣服都不会显得突兀，但如何发挥肤色的优势也是爱美女生们的一大问题，譬如色泽鲜亮的深红色就很适合白皙的肤色。背心裙简单流畅的线条设计，简直加分又加型。

⑥健康小麦色：有的人追求珍珠般的白皙灵动，有的人则偏爱麦色般的健康活力。如果你也拥有令很多人羡慕的小麦肤色，不如试试以翠绿色为代表的鲜艳色彩。翠绿色陪着你一起，让爱蹦爱跳爱运动的你更加开朗自信。

• 气质女人修炼法则

如果你天生皮肤较为粗糙，那么不用着急，杂色或者纹理凸凹性较大的织物很适合你。酒红色的粗花呢，让粗糙的皮肤瞬间看上去细腻，蝴蝶结装饰的娃娃领和蝙蝠袖造型高贵大气，脸上那点注意力早就被悄悄转移啦。

83. 最随众，最具安全美的穿衣法则

☆ 有人说，女人追求风格美没错，但是你得先搞明白，什么是适合自己的风格。

☆ 最经典的穿衣法则，是那种看起来挺复杂的工程，其实也就这么简单。

☆ 那些总把"另类"当行头的人，常常"扮"过了火。欣赏的，说你惊世骇俗，不屑的，讽你丑人作怪。所以，在你还没有搞明白什么是适合自己的独特美时，最好先保持那份安全的从众美。

穿衣妆扮，与自我气质、风格相符合极为关键。身为女人，如果在不了解自己的风格和气质的情况下，就要学会保持那份安全的从众美。千万不要花里胡哨乱穿一通，结果毁了自己的形象不说，还会引来他人的嘲笑。

作家苏芩关于女性的随众美，说道："先学会从众，再学会与众不同，在随流中缀点个人风格，人说，这叫作经典。"也就是说，在随众的基础上，点缀自我个性，才能创造属于自己的经典美。其实，对于女人来说，最随众的打扮便是 T 恤（衬衫）+ 牛仔裤，天气冷时，再外加一件质地不错的风衣，这种打扮走到街上，任谁也挑不出什么毛病来，这身打扮的女人美得随众也美得安全。很多时候，当你真不知道穿什么时，那么就遵从简单化的原则吧，穿得简

单些、随性些，你自身的气质很容易便能被凸显出来，也不容易被人挑出毛病。

杨菁是个随性的女孩子，长得不算美丽，但自小就坚持练习舞蹈的她，无论走到哪里都能散发出一种迷人的气质来。生活上的她随意自然，因为总找不到适合自己风格的衣服，所以，总是会找牛仔和T恤套在身上，这样随意的打扮，仍旧使她散发出迷人的气质来。为此，她的穿衣法则已经成为了周围的同事和朋友的模仿对象。

工作中的杨菁高效干练，经常要出去公关。比如，一个文化公司要请她做活动的代言人，她就选了一套黑色公主服，戴着不知是哪个年度的奖项奖品——一条白金项链，端庄干净，一头长发地去了。然而，社交宴会上的她可就是另外一个样子了。晚上一个露天的外交宴会上，她换上了华丽的印度长裙，用东方文化武装自己，大大方方、不卑不亢地表现出她最光亮的一面，如此就轻松做了晚会上风头最劲的美女子。

每个女人都有属于自己的独特的美，但是如果你发现不了自己的独特，那就坚持一种随意、随性的安全美吧，那些简单安全的装扮能为你的气质加分。当那份随意、随性的安全美融入你的骨子里时，你的个人魅力也就形成了。要知道，魅力是一种动态，一种感染。当那份随意和简洁固定地驻扎在你身上时，你所散发出来的个人气质，就是一种迷人的魅力，并且这种魅力让多数人都会着迷。

所以，当我们不懂得如何装扮自己时，当我们不了解适合自己的风格和气质时，那就以"简单、随性"为原则妆扮自己吧。那些上身T恤，下身牛仔裤，脚蹬运动鞋的女人，要永远比那些头戴大红花，身穿一身洞洞服，把自己打扮得花里胡哨，不伦不类女人更有气质和魅力。

- **气质女人修炼法则**

对于女人来说，无论你如何妆扮，都要让自己看起来亲切和自然，这是穿衣妆扮的第一原则。要让自己给人亲切的很好交往的邻家女孩般的感觉，千万不要把自己的头发弄得很卷，即便是烫发也要达到那种似卷微卷极为自然的效果。

电视剧里的女明星和女名模的造型确实很美，但是否适合你就很难说了。一个人的形象要和气质搭配起来才有效果。所以，千万不要看人家弄什么样子你也弄什么样子，要反复考察哪种形象最适合自己，不然就会不伦不类。

84. 丝袜里隐藏的性感"密码"

☆ 丝袜，是女人的"性感武器"，它能让女人表现出不同的质感，并超越了季节性的局限，使其更光滑、柔软、贴身且平整如新，甚至修正了女人的腿部曲线。

☆ 丝袜，是一种"被束缚的快感"，在双腿被丝袜包裹的时候，你会更加注意自己的行为举止。变得漂亮，是需要一种自我约束力的。或许这就是丝袜能让女人变得更加关注和提升自己形象的一种神奇魔力！

丝袜，从女人的裙裾开始提高的那一刻起，它就成了女人的莫逆之交。一双丝薄的袜子，看似不起眼，但里面却隐藏着女人的性感"密码"。一双美腿如果有了丝袜的包裹，那种自然的柔美便是讨人喜欢的。它轻轻地附在皮肤上，包裹着女人玲珑的曲线，在不知不觉中勾勒着流畅的线条，谱写着叫"优雅"的气质。同时，那若隐若现的美丽能刺激人潜在的欲望，让女人立即展示出一种勾人摄魄的魅力，让人欲罢不能。

其实，丝袜之于女人的腿部如同粉底之于面孔，肉色的丝袜是淡妆，能让肌肤光滑、肤色均匀健康，而黑色的丝袜是烟熏妆，能让女人呈现出一种媚惑的魅力。而彩色的丝袜则是浓妆，能让女人扮出另一番风情来。

时尚之母香奈儿曾给自己制定了铁律：不要不穿袜子就出门，不要不戴帽子就出门。不可否认，丝袜是提升女性性感的秘密武器，也是诸多好莱坞女星们提升自我魅力的重要穿戴工具。可以说，丝袜能彰显女人成熟的气质，也是女人提升自我魅力的重要工具。

据说，最开始的丝袜的生产厂家，为推销尼龙丝袜，公司命令公司里的女秘书和女销售们每天都穿丝袜上班。很快，公司的诸多经营商都为该公司女性的魅力而倾倒，于是纷纷签约。巨大的广告效应和口耳相传的舆论造势之下，该公司获得了巨大的经济效益，丝袜一时也成为市场上的紧俏品。当时，这种深色的半透明的东西把整个美国都包裹了起来，成为女人们屡试不爽的性感工具之一。

女人的丝袜中隐藏着令人倾倒的"性感密码"，它上面的小孔，给人以神秘感，再加上它与肌肤紧密程度的完美结合，修饰了女人的腿部曲线，能让人产生"腿更长、腿更细、型更美"的错觉。同时，黑色寓意着冷酷、强硬与邪恶，男人天生具有征服欲，黑丝袜大大地激发了他们的这种"铲除邪恶、替天行道"的心理欲望，进而让人产生欲罢不能的心理感应。

同时，女人的丝袜给人的是一种朦胧的美。有调查显示，黑丝袜、黑裤袜、加绒黑色打底裤三种，诱惑程度是逐级递减。对于人来说，得不到的往往才是最好的，而丝袜这种半透明网状让人产生：让你看到还让你得不到的感觉，这种感觉就是好上加好的。于是，通过丝袜完全可以提升女人的魅力指数。

另外，丝袜还能让人产生一种撕扯的冲动。人的腿部有上粗下细的特点，所以越往大腿方向，丝袜就变得越"稀"，当丝袜穿到上部时，就已经被拉扯得很薄了，大腿相比小腿也就越发白皙，颜色的差别，再加上丝袜给人薄如蝉翼、一碰就破的错觉，就很容易让人产生强烈的撕扯般的冲动。总之，丝袜是性感腿部的载体，让女人变得神秘和富有诱惑力，它也是气质女神不可或缺的妆束之一。

> **· 气质女人修炼法则**
>
> 任何丝袜对于女人味浓郁的女人都较为适合，但是，对于有"假小子"气质的女人来说，黑丝袜就显得不合适了。很多时候，黑色丝袜如果穿得不得体，很可能带来的不是美丽，而是写在脸上的轻浮，还能让女人原有的气质和美丽尽失。

85. 用丝巾"系"出你的万种风情

☆ 伊丽莎白·泰勒曾说过："不系丝巾的女人是最没有前途的女人。"

☆ 作为佩饰，丝巾具有极强的功能性，所以善用丝巾，可以一举数得：长时间的商务旅行会使衣箱成为沉重的负担。多带几条丝巾，搭配不同的套装，设计搭配方案，会让你成为一道永恒靓丽的风景线。

☆ 女性的烦恼之一就是尽管衣橱里塞得满满的，总还是觉得衣服不够穿，丝巾无疑又是一条解决方案。挑选多种规格、色调协调的丝巾，配合不同的系法，会使服装永不落伍，常穿常新。对于脖子太细长或太粗短的女性，丝巾也能起到很好的修饰作用。

气质女星奥黛莉·赫本说："当我戴上丝巾的时候，我从没有那样明确地感受到我是一个女人，美丽的女人。"因此当她站在罗马大教堂高高的台阶上将一条小丝绸手帕在颈间随手那么一结之际，万道阳光都在为她翩翩起舞，整个世界都成了春天。

一个女人可以没有昂贵的钻石或时装，但一定要拥有一些合适自己

色彩和气质的丝巾。丝巾对于女性的重要性就像领带对于男人的重要性一样。丝巾虽然作为小小的一块布，它不仅能够创造出女人独特的形象，还能够节省购装预算，丝巾已经成为都市爱美女性们一生中不离不弃的朋友。

但是，丝巾的系法也是有讲究的，首先要选对颜色。丝巾佩戴时是最贴近脸部的，需要挑选合适的色彩以衬托出肤色的亮丽来。比如脸部偏黑或偏黄的女性，最好佩戴暖色系的，以衬托脸色。而面部较白的，可佩戴任何色系。同时，佩戴丝巾也要选择与自身服饰相协调的颜色。一条恰到好处的丝巾，不仅可以协调你整体形象上的统一，达到锦上添花的功效，还可以将你的面部与不相称的服装颜色有效地隔离开来，阻碍它们二者之间的衔接，去获取局部的美丽。

同时，不同图案与面料的丝巾也适合不同气质的女人。

从图案上来说，女人要注意以下几点：

①典雅型的女性比较适合正统保守的印花，如草履虫图案，小的规则的几何图形，规则的条纹、格子等。

②轻松自然气质型的女性适合简单的条纹、格子、小的规则几何图案。

③艺术型的女性则适合大胆的主题和图案，包括花朵、动物图案、人物、几何、抽象派图案等。

④浪漫型气质的女性适合浪漫的花朵印花、女性化的主题以及细腻的线条。

从面料上，需要注意以下几点：

①如果你的穿着打扮在保守中流露出典雅、高贵的气质，那么丝绸材质的丝巾将是你最好的选择。

②如果你很浪漫、很想表现出女人味，可以选择一些质地轻柔的丝巾，如真丝、雪纺纱材质，系在颈上，显露出娇媚的美感。

③年轻人通常穿衬衫、牛仔裤，应当选择舒适轻软的棉、麻丝巾，

更能突出帅气的一面。

④如果你想尝试大胆、前卫的风格，一条亮泽耀眼的特殊质感的丝巾，便会营造出意想不到的戏剧效果。

佩戴丝巾需要注意的事项：

①职业女性在上班的时候，宜选用简洁利落的蝴蝶结、链状结、领带式打法，这样能够给人精明干练的感觉。

②对于身材娇小的女性来说，不可用太大太长的丝巾，这样会显得头重脚轻。而体型高大的人不可使用太小的丝巾，以免让人看起来不够大方。

③脖子比较短的女性避免用厚重的丝巾，应选择质料轻薄的，不要把丝巾打在脖子中央，尽量打低一些，这样会有抻长颈部的效果。脖子太长的人，丝巾可系在靠近下巴处，起到缩短脖子的效果。

女人佩戴丝巾也要讲究系法，灵活多变的丝巾系法，能充分展现出女性特殊的个性和魅力。一般情况下，丝巾有以下五种经典的系法，女人可以根据自身的气质进行选择。

端庄式的系法：一条洁白的丝巾，将一端打结，另一端重复两次穿过那个结，如此佩戴的丝巾，会令女士看上去端庄秀丽，倘若配上盘发，绿色的上衣，更显漂亮大方。

恬静式的系法：黑底碎花的长丝巾，将两端交叉后，其中一端向前绕过，简单的佩戴方式，再配上清爽的短发和白色的上衣，显得文静贤淑、清纯美丽。

奔放式的系法：藕荷色的轻薄丝巾，在胸前打一个大蝴蝶结，结上别一个精美的小饰物，若配上潇洒的乱妆或蘑菇头，或浪漫飘逸的披肩长发，着一件红色上衣，一定会让人感觉热情奔放、充满青春活力。

甜美式的系法：选一条浅色的方块小丝巾，折成三折绕颈打结，再将一端窝起再结一次，配上一条黑亮的辫子或长刷子，穿上浅红色上衣，显得娇柔甜美、含情脉脉。

西部牛仔式的系法：将小方丝巾折成三角形，向颈后围绕，两端交叉绕回颈前，穿进丝巾扣，将丝巾扣向上推至颈部，合上扣环，整理即成。这种系法若配以夹克装、运动装，则能显示出你自由奔放的气质来。

总之，一个真正有品位的女人至少要拥有60条丝巾，系上一条心爱的丝巾，把情怀彻底释放出来，展现你的无限魅力吧！让丝巾准确地为你表情达意，选条适合你的吧！

• **气质女人修炼法则**

衣服和丝巾都有印花时，搭配的色彩要有主次之分。如果衣服和丝巾上都是有方向性的印花，那么丝巾上的印花应避免和衣服上的印花重复出现，同时也要避免和衣服的条纹、格子一个方向。简单的条纹或格子衣服比较适合无方向性的印花丝巾。

素色衣服搭配素色真丝丝巾。可采用同色系对比搭配法，如黑色连衣裙配中性色系丝巾，整体感强，但搭配不慎会造成整体色彩黯淡；也可以采用不同色系的对比色搭配法；另外，采用相同颜色、不同质感的搭配方式也很协调。

86. 装点你的"饰界"，让你的世界大放异彩

☆张曼玉说："我做运动的时候，小的首饰会一直戴着不脱下来，连洗澡的时候也是。我喜欢铂金的首饰，是因为铂金不会氧化发黑，而且有种微微闪耀的光芒，不会抢我的风采。"

☆饰品不仅是女人亲密的伴侣，也是女人时尚的标志，一个完美的女人最懂得选择适合自己的饰品去装点自己。可以说，饰品是女人心灵和品位的形象代言，女人都应该拥有一些能使自己变得更完美的饰品。

女士饰品不仅能展现女性独有的性感魅力，还能体现女性独特的个性时尚触觉。女士饰品都以精致为大前提，百搭款的女士饰品更是受到广大女性的喜爱。一款亮眼的女士饰品总是能够给女性带来不一样的魅力，饰品对于女性来说非常的重要。在日常的生活中，选择一款漂亮的衣服可以提升女人的气质，增添女性的魅力，但是如果再配上一些精致的饰品的话，那么就可以让女性在人前大放异彩。饰品可以说是装点美女不可或缺的"道具"。有些时候，一件小小的饰品可以让女性拥有自信和气质，饰品是女人独有的权利，放弃饰品，也就放弃了做女人的乐趣。

女人巧妙地佩戴饰物，不仅可以起到装饰和点缀容貌的效果，还可以调整、平衡和突出服装的艺术特点。同时，饰品还可以起到和谐均衡的美化效果。饰品的种类是多种多样的，想要彰显出自身的魅力和高贵，就要选择一款适合自己的饰品。

好莱坞女星佩内洛普，其相貌平平，算不上是真正的美女，但是她却被称为是最时尚、最迷人的女星之一。她在红地毯上的穿着打扮是众多潮人追捧的对象。究其原因你就会发现，佩内洛普的穿着其实很普通，就是在于她会用各种精美的饰物"装饰"自己。

有时，仅一对闪亮的耳饰，就能彰显出她的高贵气质；一串珍珠项链就会使她颈项璀璨生辉；一个别样的发卡，也会使她大放光芒……可以说，她的"美女"气质是靠各种精美的饰物装饰出来的。

女人要想使自己的形象大放光彩，就要像佩内洛普那样，善于利用特殊的"道具"去装饰自己，注重细微之处创造的美丽。恰到好处的装饰会让你熠熠生辉，或则娇艳或则高贵，或则时尚或则个性。

一般选择饰品，一定要根据自身的条件来选择，饰品主要分为三类：

①首饰

其价值主要体现在原材料的珍贵上，它泛指耳坠、项链、手镯、戒指、发卡、头簪等小型饰品。另外，装饰性的眼镜、手表、胸花、发带之类也被归入到首饰系列里。

②衣饰

它的价值主要体现在色彩、图案和质料或造型上。一般指项巾、领带、腰带、头巾、披肩、纽扣等。

③携带物

它在日常生活中起着不能忽视的装饰作用，比如挎包、提包、雨伞、扇子之类。

不同类型的饰物诠释的美是不同的，所以，女人们在选择搭配的时候，都要根据自身的气质、服装以及场合进行搭配。

素有台湾"第一美女"之称的林志玲说："很多艺人会花大量的金钱和精力在选购服装上，但我认为好的佩饰，往往就能够使一件平淡无奇的服装绽放出亮眼的光芒。我选择的佩饰风格多变，大多是根据场合及造型的需要，精心搭配的。"也就是说，好的饰品能够体现出衣物的不凡。女人选择饰品一定要记住，"最好的并不是最适合你的，最适合你的才是最好的"。挑选配饰也一样，要考虑佩饰的点、线、面是否与你的肤色、体形相配。也就是说，选择饰品，首先要考虑自己的肤色。

一般情况下，黄皮肤的女性，适宜佩戴暖色调的珠宝首饰，可选用红色、橘黄色的宝石（如红宝石、石榴石、黄晶等），这样可衬托出黄皮肤人的秀丽和文雅。另外，还要考虑自己的体形。如果你是一个矮小而且瘦弱的女性，那么，你就不适合那种粗大或长长的挂件，而适合一些细小的项链；如果身材矮小且略微发胖的女性，最好不要用多余的饰品来装饰自己，只需要一个简单的耳环、项链就可以了。如果你是身材高挑、气质又非常好的人，几乎可以佩戴任何饰品。

相对于比较隆重的社交场合，可以选择佩戴比较高档的饰品，而一些廉价的饰品一般在生活中佩戴。但是，如果你搭配巧妙，也可以用高档的配件搭配普通的衣服，可以提高服装的品质；也可以将高品质的服装与低价格的配件搭配，可以提高配件的品质。如此等等，只要你搭配巧妙，便可以散发出与众不同的美丽光芒来！值得注意的是，饰物重在修饰点缀，避免喧宾夺主和堆砌。装饰不等于奢侈攀比，女人们切不可学马蒂尔德夫人，为了一条美丽的项链而赔上了半生的幸福。在选择饰品的时候，应主要着眼于款式和色泽，不必一定要求原材料的贵重。

总之，美女的打造不需要化很浓的妆容，梳很精致的发型，只需要根据自己的气质选择适合自己的服装、腰链、皮包、手机挂链、发饰胸针等，一点的小改变就可能成为一道美丽的点睛之笔，就可以很好地衬托出完美而优雅的气质。

· 气质女人修炼法则

需要指出的是，配饰只是起到画龙点睛的作用，用于调节着装，使之与自己所要展现的气质更为合拍。因此，我们要本着宁缺毋滥的原则，不要为了饰品而使用饰品，一两件是精巧的装饰和点缀，多于三件则显得庸俗，破坏自己的气质。

用好身型和好姿态，聚焦众人视线

气质美女会从外在的衣着、打扮、容颜上塑造自己。当这些都达到标准后，要让自己美得更出众，就要塑造自己的身材了。一个女人，若单单只有靓丽的容颜，而无好身材，那么，她的美丽也就有了很大的欠缺。

有句话说，看女人，从背面看身材，侧面看气质，正面看容貌。好身材会让女人成为一道永恒的靓丽风景，追求好身材也是女人一辈子要修的功课。"S曲线"、"窈窕"等字眼儿承载了女人太多的幸福和快乐，它能使女人在整体感上和气质上更胜人一筹。

 **87. 体重影响气质**

☆ 气质女王小S说："一个女人如果连自己的体重都控制不了，何以掌控自己的人生！"

☆ 减肥是女人终身的事业，如果你现在不对自己狠心一点，那么将来你的男人就要对你狠心了。

☆ 气质女王小S说："不管年纪，漂亮是必须的。减肥也没有借口，你能把自己吃肥就一定能瘦下来。三十多岁的女性应该比20岁女生更有智慧，你应该知道这个社会对女性多挑剔。必须瘦，不要想太多。"

女人年轻的时候，你有青春活力作为资本，胖瘦还算两相宜，胖有胖的风采，瘦有瘦的魅力。但是中年的女人可就不同了，人胖了，体型差了好多不说，肌肉轮廓线条模糊，人就会显得衰老很多。其实，胖瘦没有太明显的界限，只要一个女人体态匀称，不要胖到脸和脖子区分不出来，肚子上一堆赘肉，腰部像个水桶，胖到气质全无，你还是有希望成为一个优雅的女人的。女人如果身材太胖，就不要谈什么气质了，根本就和气质搭不上边。

气质女神宋美龄九十多岁的时候，看上去还是身材匀称，穿上旗袍依旧气质迷人。原因就是即便是再怎样喜欢吃的食物，宋美龄也绝不贪食。而且她还有一个癖好，喜欢称体重。几乎每天都会用磅秤称体重，只要发现体重稍微重了些，会立刻改吃青菜沙拉，不吃任何荤类的食物。可以这样说，宋美龄一生都在和体重作斗争，所以一直到百岁的时候，她依旧看上去气色光鲜，体态曼妙，气质比那些年轻的女孩还要更胜一筹。

小惠身高169，体重92斤，身材高挑，前凸后翘。凡是见过她的人，都说她是"魔鬼身材"，她的男朋友黄涛也不止一次地夸她身材好，虽然未来的婆婆说希望她能够再胖一点，但是整体上，她一直都是受欢迎的女孩子。而且在很多人的眼中，小惠既漂亮，又有气质。

小惠和黄涛结婚以后，听从婆婆的话，准备要孩子，所以要稍微长胖一点。婚后的生活十分的幸福，婆婆对于小惠增重到108斤也是很满意。为了让小惠和黄涛生孩子，婆婆那个时候每天给小惠吃补品、熬鸡汤，小惠沉浸在他们的百般呵护中，居然没有意识到，这是噩梦的开始。

孩子生下来以后，小惠的全身心都在宝宝身上，休产假期间，每天吃猪蹄、煲老母鸡来催奶，效果的确很好，奶水也很充足。但是渐渐地小惠发现自己太胖了，爬二楼都十分费劲。周围的朋友开始说小惠胖，去商场也开始遭遇各种嘲笑的目光。面对这些小惠的心里很难受，不过最让她感到崩溃的是老公黄涛，他那些刺痛小惠的话，小惠永远忘不了。

有一次，黄涛的同事叫他出去吃个饭，顺便带上老婆认识一下。小惠急忙梳洗打扮要一起去，没想到黄涛居然说："你这个肥婆，整天就知道吃，老子已经很照顾你了，你要知足，不许无理取闹，带你出去就是丢我的脸，在家待着肥死你啊！"听到这句话后，小惠暗下决心，一定要瘦下去，变回以前的魔鬼身材，让黄涛为他说出的话感到后悔。

虽然不是所有的女人都能像女神一样保持美好的体形，但是保持"体重指针不动"应该是所有女人追求的目标。但是女人必须知道，保持体重，不同于减重。很多女人能够减重，但是却很难坚持控重。其实，保持体重不是一朝一夕的事，首先要给自己制订一个饮食计划，根据自身的形体条件，严格地按照计划执行。控制体重要以健康为前提，一定要注意营养的搭配和均衡，因为只有健康的女人才会充满活力，而且会有好气色和好气质。

• 气质女人修炼法则

控制体重要以健康为前提，一定要注意营养的搭配和均衡。

一个身材轮廓模糊的女人，注定与气质无缘。

保持"体重指针不动"应该是所有女人追求的目标。

88. 别让"腰围"损害了你的形象

☆ 女人的一条腰连起了胸部和臀部两大性感部位，因而，她便显得格外有意韵。

☆ 男人都爱细腰的女人，一个细腰的女人，能把男人迷到腿软。男人也都爱弯腰的女人，一个爱弯腰的女人，有一种温柔款款的女人味。可以说，女人的腰间，有无限的风情，女人的腰间，也有无限的密语。

☆ 一位艺术家说，人体是世界上最美的东西，尤其是女性人体。而纤腰是塑造女性人体最为关键的要素，它让女人的上下轮廓分明别致：柔和细致的曲线，细腻柔滑的肌肤，如丝绸一般，都让女人成为大自然中的尤物、娇宠，让男人心醉神迷。

魅力四射的气质女神，少不了有一副好身材，而拥有好身材的女性，是如何也少不了一个纤弱的细腰的。古代的美女，好身材都有两种标准：削肩，细腰。《红楼梦》中，曹雪芹为我们刻画了形形色色的美女腰：黛玉的腰，似弱柳，行动处，柳扶风；晴雯的腰，像水蛇，见其软，闻其媚；湘云的腰，如蜜蜂，有曲线，见英姿……可见，一个真正的美女，都少不了有一个纤细的腰围的。

我们可以想象，一个长相漂亮，打扮时尚，但腰围却如水桶般粗壮的"大妈"式的女人，走起路来总是一摇一摆，少了一种少女的婀娜姿态，是没有任何美感和气质可言的。而相反，一个即便外貌不佳，但如果腰围纤细，一旦动起来，会让轮廓分明的脸部与臀部显示出多姿的风采来，增强了女性的动态美，处处张扬着青春与活力，其撩人的风韵无不让人萌生无限的遐想。一个气质女人，是如何也不会让"腰围"损害了自己的形象和气质的。

时尚编辑刘晓长得一副惹人美慕的漂亮脸蛋，平时打扮都很时尚，

身材也算得上是高挑，每天都出入高档写字楼。像她这样的白领女性本该成为诸多男士追慕的对象，但是如今的她已经 32 岁了，却还未经历一场恋爱。而阻碍她受男人青睐的主要原因就在于她难瘦下去的水桶腰。

为此，公司的一些男同事都调侃她说："看看你粗壮的腰身，哪个男人能掌控得了你呢？"为此，刘晓也很烦恼，没想到一向高傲的自己，其对幸福的全部渴望却被水桶腰断送了！

《诗经》有语"窈窕淑女，君子好逑"。这里的"窈窕淑女"，无不让人联想到一个束着小蛮腰穿着白色裙装的体态轻盈的少女形象。一个小蛮腰能展现出女人如风摆杨柳般的婀娜姿态，会使其魅力大增，而一个水桶腰则能将一个女人塑造成"大妈"形象，甚至还会像刘晓一般，断送了你对幸福的渴望。为此，女人的腰部胖瘦对个人魅力的影响是不容小觑的。

一个女人，只要有了纤细的腰，其左右摇摆的样子，会立即让身体拥有丰富的"表情"，让女人在动态中放射出强大的魅力。所以才会有人说，女人要拥有动态之美，一定要有一个纤细的腰围。所以，要修炼魅力女人，如果你发现自己的腰部堆满了赘肉，那就赶紧通过运动减掉吧，它绝对是影响个人形象的关键因素。年过五旬的刘晓庆，腰围只有两尺。当记者向她求证时，她表示，自己瘦一点的时候腰围还不到两尺，而她保持身材的秘诀就是运动。她平时喜欢游泳，最喜欢打羽毛球。

当然了，我们所谓的追求的理想细腰，就是指腰围要与自己的身材成比例。即为考虑到身材的高矮，个人的腰围标准也是不同的。通常来说要注意两个比例，一是腰围/身高之比，男女双方的腰高比最好控制在0.485~0.507之内，二是腰臀比，一般来说，女性理想的腰臀比建议控制在 0.70~0.80 之间。

- **气质女人修炼法则**

　　腰细的女人在俯卧时，其腰间往下倏地一沉和随即而来的臀线起伏都无疑是带给男人的一剂强力的催情剂。为了成为男人的"催情剂"，"水桶腰"女性则可以在平时走路和坐着的时候，多多保持抬头挺胸的姿态，随时让腰部都处于一种紧张的状态，这样可以防止或者是减少脂肪在腰部的堆积，进而保持良好的曲线。

89. 面随心变，学会装饰和美化你的"心灵光环"

　　☆ 相由心生，改变内在，才能改变面容。一颗阴暗的心托不起一张灿烂的脸。有爱心必有和气；有和气必有愉色，有愉色必有婉容。

　　☆ 对女人来说，最美丽的气质和容颜是表情上的和蔼与脸面上的和颜悦色。如果一个女人内心充满了邪恶，那么，再昂贵的化妆品和再高明的化妆术也遮掩不了她令人生厌的气质。

　　一个女人可以长得不够漂亮，但是只要具有端庄优雅和彬彬有礼的举动，她们就会高出仅仅具备天生丽质的女人一筹，因为那种含蓄端庄的内在美更能打动人心。而一个女人无论再怎么明艳动人，如果总是一副"怨妇当街骂"的凶相，只会让人觉得她没修养、缺文化，让人避之唯恐不及。这样的女人，其内在是凶恶的、不和谐的，那么，她由内而外散发出的"光环"也是丑陋的，所以，即便她长得面如桃花，也极难呈现出迷人的气质来。

　　一辆车子到了一个路口的时候，下车的人们陆续地走了下来，车子再一次启动的时候，窗外还有一个身穿洁白洋装的女人没有上车。随即，售票员打开车门，问了一句："要坐车吗？"本来装扮得体优雅的女

人就在跨上车的那一刻，突然左手掐腰，右手放在头上，身子略一扭摆，尖叫着嚷嚷道："你眼睛瞎了，没看见我在这里等了好一段时间了吗，我就站在那儿，你都没看见。"

举止是一种无声的"语言"，它真实且潜在地反映了一个人心灵的和谐度，也反映了一个人的素质、受教育的水平以及能够被人信任的程度。可见，女人的行为举止对个人内在气质的影响和提升极为重要。当然，反过来，一个女人的内在素质及修养对其行为举止能发生根本性的影响。正所谓"面由心生"、"面随心变"讲的就是这个道理。一个人的心灵直接决定着他所散发出来的气质是否美丽和谐。

美国心理学家芭芭拉·鲍威尔博士根据印度的人体色谱的理论，专门研究人体所散发的光环。她发现人体的光环是有模式的，人体光环的模式能够揭示一个人的深层世界，并可以由此断定他是否值得信任，是否正直，是否有修养。芭芭拉认为："人体光环是一个人灵魂的指示灯，它是一个人精神的精华向外发射的信号。"一般情况下，那些内心善良、和谐的女人，其面部神态以及神情所发射出的是慈祥、仁爱、乐观、宽容，这种光环，能让人感受到美好、和谐、愉悦，因而人们愿意去接近她们，也愿意为她们提供更多的帮助和机会。而相反，一个内心凶狠、自私、冷漠、烦恼痛苦的女人，其面部神态以及神情所发射出的是凶恶、消极的气质状态，其行为举止也是带有凶恶、消极状态的，因而人们都会躲避她。所以，女人要提升自我气质，就要学会用"善良、和谐"装饰和美化自己的"心灵"，如此才能让自己的行为举止更为优雅得体。

生活中，通过彼此的相处后，令人着迷的往往不是漂亮的女人，而是那些面部慈祥、和蔼、举止优雅、懂礼仪有教养的女人。她们能轻松地用优雅和修养让自己的气质更为高贵，也能轻松地用温柔典雅让自己散发出迷人妩媚的气息，更能用彬彬有礼的举止，让自己焕发出一种能征服人心的力量，而这一切都得益于她们拥有一颗善良、慈祥、和谐的心。

· 气质女人修炼法则

修身养性，做一个诚实、正直而有教养的女人；保持乐观、积极进取的人生态度，以吸引幸运之星；静心体验宇宙与人生合一的境界，领悟生命的意义。

放弃独妄自大，把我们的人生坐标放到无限的宇宙中，感受人类的渺小，我们更加渺小。

时常提醒自己：不要让贪婪的欲望、愤怒的情绪和强烈的激情占有了我。

90. 女人的好身材是靠运动"塑"出来的

☆ 有人说，男人认为，腰比臀窄30％的女性最有吸引力；男人最喜欢那些看起来拥有健康生殖能力的女性，而非娇弱的林妹妹。男人喜欢的女性身材，永远要比女性喜欢的身材，要丰满若许。

☆ 真正完美的体形并不是林妹妹般的身材孱弱到不经风，也不是瘦弱成一根麻杆样，那是以健康为代价的，也不是人们眼中所倡导的美丽，"塑"造身形是让体态匀称健康，给人一种青春的活力，这样的身材才最好看，最无可挑剔。

拥有曼妙的身姿和美丽纤细的腰身，是每个女人的梦想。因为姣好的身段是提升女人气质和魅力的一个重要的方面，它更容易吸引别人的目光，让人产生愉悦感，从而为自己的魅力大大加分。但是，女人的好身材并非是天生的，而主要是靠后天"塑"出来的。塑造完美的体型除了科学地饮食，有规律地生活，主要还要依靠运动。

每天不运动或者运动量少的女人身材会走样，健康也会下降。伏尔

泰说："生命在于运动。"所以运动锻炼是女人展现青春活力的一个方面。女人就像一个水潭，而运动则恰似活水，只有活水的水潭才会一直清澈，而死水的水潭会随着时间，水质变得浑浊不堪，发出恶臭。所以，有气质的女人一定要做活水潭，让自己时刻都散发着活力和青春的气质。

根据一项研究显示，每天坚持运动一小时，可以延长两个小时的健康寿命，而每天只要积累 5000 步以上的快步，就可以减重缩腰，塑造更健康的身体。为了完美的身材，女人也应该有体育锻炼，况且体育锻炼能够让女人更具气质和美丽。歌德说过："流水在碰到抵触的地方，才把它的活力解放。"其实，人也是一样。当我们锻炼身体、进行体育运动的时候，就是把身体内的活力激发出来的表现，这样让自己的身体更加的健康，更加的具有生命力，所以才说"生命在于运动"。

小芹是一个一百七十多斤的胖女人，家在农村的她有一天去城里办事，发现很多女人看上去很漂亮，而且有很多她喜欢的漂亮衣服，但都由于自己太胖而穿不上。她偷偷地研究后发现，很多女人在饭后都进行散步，而且城市里的女人们都有健身卡，定期地去健身。

从那以后，小芹每天晚上吃完饭都会到村外散步，早上起来的时候也会多多走动，有的时候还会进行晨跑，由于野外空气十分清新，她也不用考虑大气污染的因素，有的时候她自己也会加入到孩子们的网球、羽毛球锻炼。过了不到半年，小芹的身材就由之前的 170 斤变成了 145斤，很多自己喜欢的衣服也买到了尺码。小芹说："我还会继续锻炼的，不仅仅是因为要减肥，我发现自从自己开始体育锻炼后，身体一直很好，半年里病也一直没有再犯，气色也好了很多。"

缺乏锻炼的表现就是没做什么体力活，也常常感到腰酸背痛，做什么事情都没有精神，所以作为一个要修炼气质的女人，一定要加强体育锻炼。法国思想家卢梭说："青春活力，可以说是把我们整个身心都舒展开了，同时用生活的乐趣把我们眼前的万物也美化了。"体育锻炼才能让人有青春活力，无论一个女人有多忙，总是应该拿出一些时间去参加体育运动，一项研究表明，经常参加体育运动的人比其他不运动的女人更显年轻。

当然，运动也并不是盲目的，因为先天条件的不同，每个女人都不可能拥有一个腰部与腿部纤细修长、胸部与臀部丰满圆润的好身材，盲目地运动可能会让你的身材比例失调，或者失去了女性的柔美身段，所以塑造完美的体型是需要根据自己的身形特点，选择适合自己的运动方式，然后对症下药，才能轻松达到目的。

· 气质女人修炼法则

练瑜伽，对女人来说，也是提升气质、修炼身材的一个不错的运动。瑜伽是一种古老而时尚、神秘而科学的修身养性的修炼方式。瑜伽姿势运用古老而易于掌握的技巧，改善人们生理、心理、情感和精神方面的能力，是一种达到身体、心灵与精神和谐统一的运动方式，包括调身的体位法、调息的呼吸法、调心的冥想法等，以达至身心的合一。对于女人来说，瑜伽不仅易学，而且有效，会令你终身受益。

91. "走"出风景来，在静动之中显露高雅

☆ 英国的著名影星奥黛丽·赫本曾经说过："若要优雅的姿势，走路时要记住，行人不止你一个。"

☆ 热纳维耶芙·安东丽·德阿里奥说："优雅是一种和谐，非常类似于美丽，只不过美丽是上天的恩赐，而优雅是艺术的产物。"一个真正优雅的女人就算只是静坐不语，那种超然与随意已足以让众人的视线停驻。

　　有人说，女人的千娇百媚是"走"出来的。我们可以想象，一个打扮入时，"摇曳"生"姿"的女人，仅看其身影，便能让人心生向往，念念不忘。所以，要提升个人魅力，就一定要纠正你不良的走姿，塑造属于自己的"优雅范儿"，进而才能在人群中散发出强大的气场，吸引万千人的目光。

　　在《阮玲玉》这部电影中，张曼玉的走姿给人留下了深刻的印象。还记得这样的镜头吗，她高挑的身材，穿着单薄的旗袍，走在幽静的小巷子里，轻盈的走姿凸显了她最美好的身段。任何看过这个镜头的男人，都会心摇荡动，真切地感受到女人真是高贵而迷人，倾倒众生，这就是走姿所带来的迷人魅力。

　　据说，为了演好阮玲玉这个角色，张曼玉曾在多面镜子前苦练走路，最终出神入化，让观众分不清她是张曼玉，还是阮玲玉。在现实生活中，这位年过四十的美女明星尽管淡出荧屏已久，行事低调，但只要她出现就能以优美的走姿摄取世人的注意力。

　　试想，一个女人如果走路时弯腰驼背、低头无神、脚步拖沓、步履迟缓，甚至八字脚、"鸭子步"，或者肩部高低不平、双手过于摆动，你是不是觉得她无精打采，没有自信，缺乏风度，那她的气场便是虚浮的，没有力量的，这样的女人是毫无气质和魅力可言的。

　　你可以回想一下：自己平时是如何走路的？你的走姿能体现出你的气质来吗？不可否认，走姿可以彰显出一个人的气场，女人要想在气场上胜人一筹，成为众人注目的焦点，就要掌握"摇曳"生"姿"的要点：

　　①抬头挺胸带着自信走路

　　在《红楼梦》里，关于林黛玉的走姿有这样两句描述："闲静时似姣花照水，行动处如弱柳扶风。"古人看美女走路以柔弱娴静为美，因为这样的女子更能牵动男子的心，激起男人心中的保护欲。不过，现代社会的女人独立、自主、坚强，已不用像林妹妹那样，而要面朝前方，双眼平视，抬头挺胸带着自信走路，不要惺惺作态、故作扭捏，自有一种迷人的气场，给别人一个下马威。

②步幅应小，步速要紧，步姿轻盈

步幅应小，步速要紧，步姿轻盈，以此走姿行走时，则给人以文静、典雅、飘逸、玲珑之感，宛如"小夜曲"。尤其是穿长裙或旗袍时，你会发现身体被拉高，曲线更漂亮，女性的曲线特征明显起来，气场也瞬间被放大了。

为此，你可以穿上一双六厘米左右的高跟鞋，你会感觉胸部挺起，腹部内缩，整条腿向后倾斜，腰明显塌下去，臀位明显提高翘起，小腿也变得饱满起来，脚背成漂亮的方形，脚好像小了许多，走路的步子自然也就变小了，一副楚楚动人的样子。

③使自己走在一定的韵律中

两眼前视，昂首挺胸，肩平不摇，干净利落地摆动两手，膝盖和脚腕都要富于弹性，具有鲜明节奏感，使自己走在一定的韵律中，犹如模特儿的走姿，这样会给人一种矫健轻快、从容不迫的动态美，气场呼之欲出。

事实上，无论年龄多少、性别为何，人们都比较偏爱走路姿态轻盈快捷的人，而决定这种走姿的，就是走路时的韵律，具有鲜明、协调的节奏感，能够使人感到我们是缕轻柔的春风，妙不可言。

④在假想中强化自我训练

有气势的走姿非一日之功，要靠平时自我养成。平常你可以训练自己，在地上画一条直线，你可以假想自己是名模特儿，直线是你的 T 型舞台，目不斜视，旁若无人，走在一条直线上，这样看起来就有气势多了。

⑤心态影响步调，时刻调整情绪

走姿虽然决定于人的秉性，但与人的心情也有密切关系，它如同舞场的旋律，是为情绪打拍子的。与其说是走路轻、重、缓、急、稳、沉、乱等，不如说是人的内心或稳定或失衡；或恬静或急躁；或安详或失措的状态。

所以，不必刻意去研究怎么样走路更有气势，那些只是外在的，根本学不出那种由内至外散发出的逼人气势。一旦不注意的时候，走路的姿势就会随着你内心的变化而发生相应的变化，进而打乱气场的磁场。

因此，走路时，最主要的是你要把自己的心态调正，保证稳定的情绪，抱着积极乐观的态度，还有要自己有充足的信心，走得稳而且直，这样走起路来自然就会有气势，而这种气势往往也最真实、最能感染人。

· 气质女人修炼法则

其实，女人的走姿千姿百态，没有固定模式，或矫健轻盈，或庄重优雅，或精神抖擞，但只要能够增添女性健康、贤淑、温柔、高雅之魅力，揭示自身的风貌，表现自己的个性，那就是走出了自己的气势，就是最美的。

92. "抖腿晃脚，歪脖斜眼"最损女人气质

☆ 相由心生，想让自己看起来更可爱有气质，先要懂得给自己的内心做个大扫除。

☆ 在任何场合下，不要以为穿戴世界名牌就能够表现出卓越的修养，就能够展示出迷人的形象。优秀的外表包装确实能够引人注目，但是，相应的举止和修养才能让我们脱颖而出。

什么样的女人最招人厌烦？这个问题很是笼统，因为各人性格的不同，喜好自然也不尽相同。不过，从一些调查数据中，可以得到一个结

论：抖腿晃脚，歪脖斜眼的女人最惹人厌。可以想象，那些一坐下来就一副吊儿郎当抖腿晃脚的女人，通常会被人归结为：站没站相，坐没坐相，这样的女人毫无修养和气质可言。同时，一个总习惯于歪脖斜眼的女人，总会带有几分的风尘气息，给人一种轻浮的感觉。这一类女人，也许精明、漂亮，但内心总会有更多尖锐的东西，会给人一种只要接近就容易被刺伤的感觉。这样的女人与气质是无关的。

在北京金融行业工作的股票经纪人王蓉讲了她请两位客户吃饭的故事。巧合的是两次都发生了汤洒在客人身上的事。第一位客户是一位形象设计师，妆容精致，打扮入时，从外形上来看像是一位高雅的贵妇。但是，当她坐下后，两条腿却在她的裙摆下不停地晃动，脚下的高跟鞋也跟着她晃腿的节奏发出"咯咯"的响声。当服务员将汤不小心洒在她身上时，她暴跳如雷，找来餐厅经理，歪着脖子，斜着眼睛尖刻地说道："我的衣服你知道多少钱吗？你们赔得起吗？你看这怎么处理吧！"她要求赔钱，而且还要美金，并解雇服务小姐。最后达成协议，餐厅为她干洗衣服，并口头上答应解雇服务员并免去餐费。

第二位是位白领精英，她穿着普通，妆容也不那么精致，但是脸上却挂着不逝的笑容，让人乐于亲近。走进餐厅，她找个凳子优雅地坐下，并且双腿并拢，双手交叉放在膝前，很是端庄。当服务员将汤不小心洒在她身上时，王蓉则愤怒了，餐厅经理惊恐万状，但是这位白领表示："人家又不是故意的，出来工作，大家都不容易，下次让她注意就可以了。"她以息事宁人的态度了事，这次餐厅又免去了王蓉的请客费。同样的事情，反映了两个女人不同的修养和素质，但是在王蓉心中，她们却有着截然不同的形象，她也更愿意与第二位白领女性接触交往。

身为女人，生活中，一些无关紧要的细节，就会让人上纲上线到"修养"的问题上。抖腿晃脚，歪脖斜眼，这些看似无关紧要的细节，却最能损害你的优雅气质，毁掉你精心装扮的良好形象。

不可否认，我们的气质都是通过有修养的举止行为得以体现。每时

每刻，我们都在从内心去判断和评判一个人。陌生人的一个不起眼的善意的微笑，一句真诚的感谢，立刻就会赢得我们由衷的赞赏："真有修养，真懂得礼貌。"同样的道理，无论在什么时候，你的一举一动、一言一行都在表现着自己的修养，体现着你的气质。人们会根据你的细小的行为或举动来判断："你，是不是有修养？"所以，要从根本上提升气质，请改掉那些毫不起眼的招人烦的小动作吧，请停止你不断晃动的腿吧，也请你不要再歪着脖子、斜着眼睛去审视别人了，那样只会给人留下恶劣的印象。

气质的提升需要后天的不断修炼，但它是一种忘我的境界，只有那些将"优雅"刻在骨子里的女人，其外在高雅举止才会得以自然、朴实无华地流露。有修养和能体现自我内在气质的举止，是利用外在的一举一动来传达我们内心对别人的尊重的一种方式，它源于对事理、人情的通达。气质的培养来自于不断地实践和观察，就像其他良好的习惯一样，要养成高雅的气质，就必须改掉那些不文雅的小动作。

- **气质女人修炼法则**

气质女人在公众场合一定要遵守最基本的社会公德，遵守社会秩序。

不要在公众场所哗众取宠，大声说话，随地吐痰，不要使用尖刻的语言。

学会帮助别人，得到别人的帮助后，一定要学会说声"谢谢"。

敏感地体谅他人，注意生活中的各种细节，它是区别一个文明的人和一个粗俗的人的重要证据。

93. 不能站如"松"，也不要站如"弓"

☆ 有人说："在人际关系中，站姿是一个人全部仪态的核心，所谓站有站相，一个人的站姿不仅能显示这个人的气质和风度，也是这个人内心真实的体现。"

☆ 有魅力美丽的女人，首先要有挺立的"站相"，当然不是让你站军姿。你站立时双脚并拢，把身体的重心放在双脚大拇指的根部，放松膝盖，收腹，脖子要伸直，头尽量往上顶。这种站相能提升女人的气质，彰显出其较好的精神面貌。

优雅的举止或动作的基本功在于姿势。学会优雅的站姿更是成为优雅气质女人的第一步，在生活中，女人一定要站出素质，站出魅力来。生活中，你是会被一个打扮时髦，弓腰驼背的青年吸引，还是更容易被那些穿着军装，体型端正，昂首挺胸的天安门士兵吸引呢？站有站相，站得直，自然也就行得端。在现实的生活中，我们总能遇到这样的女人，她的气场很强大，当你仔细琢磨的时候，你就会发现这个女人抬头挺胸，虽然达不到"坐如钟，站如松"，但是，绝对不会站着没有几分钟就开始乱动，一会儿踢踢腿，一会儿扯扯衣襟，最后再理理头发。

一个女人无论她多么优雅和有气质，只要她站着乱动，搔首弄姿，把自己的情绪和精神松懈下来，她都毫无美感可言。一个女人想要有气质，就不能表现出懒散，不能把自己苦苦修炼的气场全部打散，那么这个站姿应该如何修炼呢？在家的时候，你可以自己练习气质，背靠墙，要求脚跟、臀部、两肩、后脑勺都贴着墙，两手自然下垂，两腿并拢成立正姿势。这样修炼后，你的身形会有明显的线条感，从而更加突出你的气质。

雅淑是一个很漂亮的女孩，说话的声音又很甜美。在公司里面她总

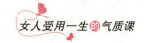

是一副优雅从容的样子，为此很多同事都背地里叫她"大明星"。她个人的气场很强大，很多女人平时都暗地里学她。

有一天下班后，小李和珠珠在地铁等车，珠珠忽然看到了一个长得很像雅淑的女人，然后立即拉着小李追赶过去，离雅淑不到 100 米的地方时，珠珠和小李都停下了。眼前的那个很随意地靠在铁栏边，一副垂头丧气的样子的女人，居然是平日里的气质女神雅淑，两个人都不敢再看，不敢相信自己的眼睛。也许是雅淑上了一天的班太累了，但她在大家心中完美的形象彻底被颠覆了。

很多时候人的气质都来自于精气神，当一个气质优雅的女人把自己的精神放松下来的时候，她懒散随意的样子便会深入人心，站姿松松垮垮，毫无气质可言。一个站姿标准，抬首挺胸可以增加一个人的精气神，也就是气质。另外，他们还发现一个女人外在所表现出来的姿态，和她本人的性格有着重要的联系。女性的举止，反映着她的修养和自信心，一个举止大方得体的女人，会让自己的气质更加的饱满充盈，同时也会形成一个自己独有的个人风格。

女人站要有站相，站住了就不要乱动，不要一会儿抖抖腿，一会儿捶捶肩，一会儿又哈欠连天。当然，站在那脖子伸得老长，胸挺得像只好斗的公鸡也很不好。有些女人总是喜欢把头仰向天，显示自己的自信，其实，这样无形之中也增添了自己与他人的距离感。

中国人自古就讲究"站有站相"，可见，一个人通过外在的表现给大家带来的内心感受是多么的重要。一个故作忧郁或者扮可爱的女人，只会让人觉得恶心，根本就不会有什么气场和魅力可言。当然，我们要做到像军人那样是不可能的，但是不能站如"松"，至少也不应该站如"弓"。女人的气质是靠自己慢慢地培养出来的，平时的一言一行，言谈举止都体现了一个女人的内心世界。所以，女人，再好的气场也需要继续锻炼保持，气场的延续和保持是一场持久战，不要松懈，也不要放弃。

· 气质女人修炼法则

　　女人在站立时，双脚打开站立或双手环抱胸前的姿势，看起来都不雅观。女性的基本站立姿势是双脚并齐，脚跟、脚尖并扰。为了让自己每时每刻都看起来优雅，女人一定要勤在镜子前检查自己的姿势，或者可以利用街头的橱窗来随时随地检查自己的姿势也有效。不仅是姿势，如果能养成每天确认自己的服装、表情等习惯会让你更优雅和端庄。

94. 坐出仪态万千的"女皇范儿"

　　☆ 美国著名作家威廉姆·丹福思说："我相信一个站立很直的人的思想也是同样正直的。"

　　☆ 亚里士多德说："艺术的目的不是要去表现事物的外貌，而是要表现事物的内在意义。"

　　著名作家柏杨说过："真正天生的美女不太多，而且怪的是，天生的美丽女子，如无训练，往往索然无味。有吸引力的女人并不全靠她们的美丽，而是靠她们的漂亮，包括风度、仪态、言谈、举止，以及见识。"女人如何做到有气质，坐姿也是一项重大的问题。你如果仔细观察就会发现，有气质的女人都是"坐有坐相"的。

　　一个随意倚靠周围的柱子或者瘫软在椅子上的女人，怎么样看都不会有气质，女人是可以坐出仪态万千的"女皇范儿"的，一个女人的气场不一定需要事业有多成功，外表有多漂亮，只要是注重自己的言行举止，就能够体现出良好的修养。一个优雅的坐姿对于女性的气场非常的重要，女皇坐在万人之上的大殿，为什么那么有气场，就是因为她们的坐姿坐得正。就算是女皇，坐在大殿上，翘个二郎腿，用美丽的手指挖鼻孔，你能够看出气质吗？

那么怎么样才能够练就坐着也能坐出气质，根据哈佛大学的女性气质修炼中，专家给出了几点建议：

①坐着的时候，最忌讳的就是双腿乱抖，或者把自己的双手放在两腿之间。即使是非要翘个二郎腿，也要记得不要将自己的鞋底亮给对方，这是一种非常不礼貌的行为；

②坐在椅子上的时候，最好是臀部坐满椅子的 1/2，双腿也可并拢，也可一条腿搭在另一条腿上，上半身可以稍微地向自己的前方微微倾斜。两肩要平，说话的时候下巴要微抬，目光直视；

③上半身后仰，靠在椅子或者沙发背上，双手随意地放在自己的大腿上，两条腿可以自然地平放在地上，切记不要出现抖腿这种不雅的行为。抖腿在古代有句很有名的话说："男抖穷，女抖贱，人抖穷，树抖死。"出现其实不抖腿也是一种礼貌的社交礼仪，上身挺直，不抖脚，抖脚的动作很像痞子的行为。不少人坐久了脚总是会不知不觉地开始抖了起来，所以也让人觉得抖脚的人有一种轻浮不稳重的感觉；

④优雅的坐姿还可以是臀部只能坐椅子的 1/3，两腿分开的角度不能太大，双腿也可向左右两侧一起倾斜，说话的时候，不要手舞足蹈的样子，这样也可以坐出气场。

很多人看过"鲁豫有约"，对于鲁豫的坐姿都十分的感兴趣。当然鲁豫的坐姿相比较小 S 的坐姿，同样都是翘起了二郎腿，但是鲁豫的坐姿显示出了一份典雅的气质。当然很多人觉得女性翘二郎腿其实是为了防止走光，但是其实不仅仅是这样，很多公众的场合之所以不翘二郎腿是因为这种行为是一种不礼貌的行为。因为翘起二郎腿表示的是一种高高在上的意味，所以，在与别人平等交谈的情况下，翘起二郎腿是对对方的一种蔑视。当然，鲁豫和小 S 也许是为了表现自己是主持人的主导地位。

在坐姿中最忌讳的也许就是将臀部坐在椅子的 1/2 处，背靠椅子背的全部，两腿完全敞开，甚至还有用手挖鼻孔，当然你可以随意地想象，这种坐姿换成任何一个漂亮的女明星都不会有气质，何谈魅力呢？这样地破坏自己的形象，气场全无，同时还会成为众人眼中的笑柄。其实优雅的坐姿不仅仅是在公众的场合需要注意，即使是在自己的家中也要注意，因为很多好的习惯都是日常生活中的行为慢慢培养出来的，所以气质的修炼是一项日积月累的功夫。

> **· 气质女人修炼法则**
>
> 女性坐姿禁忌：
>
> · 避免抓耳挠腮、摸眼、捂嘴等具有说谎嫌疑的动作。
>
> · 避免双臂交叉抱在胸前，它表示抵触、抗议、不屑一顾、防范。
>
> · 不要做不必要的身体移动，这样会显示出你紧张、焦虑的内心世界。

95. 不要一口"吃掉"你的优雅

☆ 英国文艺复兴时期最重要的散文家、思想家培根说过："形体之美要胜于颜色之美，而优雅的行为之美又胜于形体之美。"

☆ 你如何进餐，你的礼节，你与刚相识的人相交往，你在特定的环境中表现如何，都最能说明你这个人。

☆ 餐桌上的举止是对一个人的礼仪和修养最好的考验，你的事业或工作机会可能会在餐桌上发展起来，也有可能会在餐桌上跌落或消失。

心理学家说："一个人的吃相反映了一个人的人品和教养。"这句话说得一点都不假。你可以想象一个漂亮的女人，歪坐在椅子上，然后手

端着大碗，狼吞虎咽地吃东西的样子，你还会觉得眼前这位美人优雅吗？优雅的女人和外表的关系并不大，而是从她所表现的外在行为能够看出来。中国向来讲究礼仪，正所谓"站有站相，坐有坐相，吃有吃相"，吃饭是讲究礼貌的，要做有修养、有气质的魅力女人，千万不要因为不经意的粗俗举止，让你的形象和气质全部消失殆尽。

一个气质优雅的女人可以弥补自己外表不美丽的缺陷，而外表的美丽却不能掩饰举止的粗俗。有气质的女人在吃饭的时候，尤其会注意细节，绝不会一口"吃掉"自己的优雅。一些礼仪专家曾经总结了一些会严重妨碍女人形象和损害女性优雅气质的行为，所有的女性都应该扪心自问一番，看看自己是不是在无形之中已经将自己的淑女形象尽失，气质也损害殆尽了呢？

①在吃饭的时候，由于够不到菜，会把筷子伸得老长，有的时候还会撅起屁股去夹菜；

②喜欢在菜盘子里翻来翻去地找自己喜欢吃的东西，然后把自己喜欢吃的都堆放在自己的碗里；

③将自己咬过的菜放回菜盘子，或者吃鱼、啃骨头的时候将鱼刺或者骨头直接吐在桌子上；

④当着饭桌正面地并且是毫不避讳地打喷嚏或者咳嗽；

⑤吃饭的时候用嘴咂摸，发出响声，喝汤的时候发出吸溜的声音，或者对着汤猛吹气；

⑥由于桌上的菜很多，犹豫自己夹哪个菜好，用筷子点过一圈，没夹菜，反而将筷子放入口中咬了咬筷子头；

⑦遇到自己喜欢吃的菜，很贪婪地一夹再夹，还不停地舔勺子，吸吮筷子；

⑧口中有菜的时候，听到饭桌上有人讲了自己感兴趣的话题，还没将口中的菜咽下去就急忙说话。

以上的行为你都有了，那么毫无疑问，你显然和气质不搭边。当然，如果你只占了其中的几项或者一项、两项，那么你已经损坏了自己的优雅气质。如何让自己做回优雅女人？那就是吃饭的时候不仅不要有以上的一些行为，还要学会控制、调节自己的行为。

李红是一个漂亮的女孩子，身材高挑，还毕业于一所名牌大学。大学毕业以后，参加工作。在工作中与男友庞鑫相识，两个年轻人坠入爱河，打算互见家长，然后结婚。年底的时候，李红和男友庞鑫一起去庞鑫家过年。因为此前庞鑫一直和自己的父母夸奖李红是一个好女孩，而且不挑食，所以两位老人在家还是特意地准备了一桌子好菜来迎接未来的儿媳妇。

吃饭的时候，不知道是路途劳顿太饿了还是庞鑫爸妈做的饭菜太符合自己的胃口了，她坐在桌子边开始大口大口地吃起来，而且她吃得满嘴吧唧吧唧直响。庞鑫的妈妈一看这李红的吃相，皱起了眉头。庞鑫也注意到了老妈的细微变化，在桌子的下面用脚轻轻地踢了李红几下，以提示她注意自己的形象，可是李红并没有领会庞鑫的含义，把自己碗里夹满了自己爱吃的东西，嘴巴也塞得满满的。

庞鑫的爸爸问李红家住哪里，李红听到后急于回答，又想快速地咽下口中的食物，结果不小心呛到了，本能的反应，她咳嗽了一下，结果弄得周围和庞鑫妈妈的衣服上都是她嘴里没有咽下的食物。她急忙站起来用手拂去自己身上的饭粒，然后拿起抹布就给庞鑫的妈妈收拾。事后，庞鑫的父母怎样都不同意他们的婚事，李红也错过了自己的婚姻。

吃饭的时候很容易让一个人失掉形象，这不仅仅体现在女人身上，男人也是同样的重要。所以，吃饭的时候如何能够保持一个好的形象和修养是体现气质的关键时刻。在赴宴的时候，优雅的女人坚决不会把自己的筷子伸得老长，去夹自己喜欢的菜，更不会因为要够到某种菜而撅起屁股，弄得椅子咯吱咯吱的响。她们会端庄地坐在那，等待转台转到自己那里，然后从容地夹菜，并取菜适量，而且不会抢在别人的前面去夹菜。

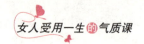

优雅的女人在吃饭的时候，不会把筷子放到口中去咬，更不会舔勺。用手抓大骨头，龇牙咧嘴地啃骨头的样子绝对不会让你对眼前的女人有任何的兴趣。所以，女人在赴宴的时候一定要吃得漂亮，端庄的气质不可以败在吃饭的场合中，吃相有的时候展现的是一种素质和修养。

- **气质女人修炼法则**

在餐桌上，无论食物多么美味，都不要用"叭叭"的响声来赞美。

喝汤时，不要发出"咝咝"的声音，把汤送入口中而不是吸入口中。

适量地把食物送入口中，不要像饿汉一样让口中塞满食物。

不要把咽下的食物在众目睽睽之下吐出。转向一旁，在不引人注目时吐入餐巾纸内。

不要坐立不稳、弄手抬脚，把餐具弄得叮当响，也不要像动物一样下手抓食物。